高等学校规划教材

# 化工原理实验

王桂霞 姚金环 黎 燕 主编

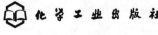

化学工业出版社

·北京·

《化工原理实验》是配合化工原理理论教学设置的实验课，是教学中的实践环节。本书包括了化工原理所有的基础实验：雷诺现象演示、伯努利方程演示、流量测定与流量计校核、流体流动阻力测定、离心泵特性曲线测定、板框恒压过滤常数测定、传热系数测定、吸收解吸实验、精馏分离实验、萃取分离实验、干燥速率曲线测定等。本书还详细介绍了与设备配套的，由北京欧贝尔软件技术公司开发的化工原理仿真实验。

《化工原理实验》可作为石油、化工、制药、轻工、食品、环境、材料等相关专业的本科生教材，也可供其他相关专业工程技术人员参考。

**图书在版编目（CIP）数据**

化工原理实验/王桂霞，姚金环，黎燕主编. —北京：化学工业出版社，2018.4
高等学校规划教材
ISBN 978-7-122-31434-5

Ⅰ.①化… Ⅱ.①王… ②姚… ③黎… Ⅲ.①化工原理-实验-高等学校-教材 Ⅳ.①TQ02-33

中国版本图书馆 CIP 数据核字（2018）第 012774 号

---

责任编辑：徐雅妮　丁建华　　　　　　文字编辑：刘志茹
责任校对：边　涛　　　　　　　　　　装帧设计：关　飞

---

出版发行：化学工业出版社（北京市东城区青年湖南街 13 号　邮政编码 100011）
印　　刷：北京京华铭诚工贸有限公司
装　　订：北京瑞隆泰达装订有限公司
787mm×1092mm　1/16　印张 8¼　字数 202 千字　2018 年 5 月北京第 1 版第 1 次印刷

---

购书咨询：010-64518888（传真：010-64519686）　售后服务：010-64518899
网　　址：http://www.cip.com.cn
凡购买本书，如有缺损质量问题，本社销售中心负责调换。

---

定　　价：25.00 元

# 前　言

　　化工原理实验教学是化工原理课程教学的一个重要组成部分，是理论课堂教学的继续、补充和深化，具有直观性、实践性、综合性、探索性和启发性。化工原理实验不仅可以有效地培养和提高学生独立开展科学研究的素质和能力，还能强化学生在化工原理课上所学的基本原理和处理方法，同时也能帮助学生树立工程观点，培养学生分析问题、解决问题的能力。因此化工原理实验在化工类及相关专业的人才培养中有着举足轻重的作用。

　　化工原理实验属于工程实验范畴，与一般化学实验相比，不同之处在于它具有工程特点。每个实验项目都相当于实际生产中的一个单元操作，通过实验能建立起一定的工程概念。因此，通过化工原理实验课的训练，学生在思维方法和创新能力方面都得到培养和提高，为今后的工作打下坚实基础。

　　本书在桂林理工大学化工教研室编写的《化工原理实验指导讲义》基础上修订而成。本书包括了化工原理所有的基础实验：雷诺现象演示、伯努利方程演示、流量测定与流量计校核、流体流动阻力测定、离心泵特性曲线测定、板框恒压过滤常数测定、传热系数测定、吸收解吸实验、精馏分离实验、萃取分离实验、干燥速率曲线测定等。根据我校现有的化工原理硬件设备，北京欧贝尔软件技术公司开发了化工原理仿真软件，本书对软件的安装和操作也进行了详细的介绍。

　　本书第一章、第二章由王桂霞编写；第三章由姚金环、黎燕、吕奕菊、王桂霞编写；第四章由杨文编写；附录由蒋锡福、阮乐整理；全书由桂林理工大学化工教研室老师统一整理校对。书中的部分图表由姚威、宫宏康协助完成。

　　本书出版得到了桂林理工大学教材建设基金资助，以及广西电磁化学功能物质重点实验室和广西特聘专家团队的资助，在此一并表示感谢。

　　由于时间仓促，加之编者水平有限，书中不妥之处在所难免，敬请批评指正。

编　者
2018 年 1 月

# 目 录

第一章 绪论 ………………………………………………………… 1

　一、化工原理实验教学目的 ………………………………………… 1

　二、化工原理实验教学要求 ………………………………………… 2

　三、化工原理实验注意事项 ………………………………………… 2

第二章 化工原理实验基础知识 ………………………………… 4

　第一节 化工原理实验常用仪表 …………………………………… 4

　　一、压力检测及压力仪表 ………………………………………… 4

　　二、温度检测及测温仪表 ………………………………………… 7

　　三、流量测量及仪表 ……………………………………………… 9

　第二节 实验数据记录与处理 ……………………………………… 11

　　一、实验数据记录 ………………………………………………… 11

　　二、实验数据处理 ………………………………………………… 12

第三章 实验内容 ………………………………………………… 14

　实验一 雷诺现象演示 ……………………………………………… 14

　实验二 伯努利方程演示 …………………………………………… 17

　实验三 化工流体流动综合实验 …………………………………… 19

　　Ⅰ 流量测定与流量计校核 ……………………………………… 21

　　Ⅱ 流体流动阻力测定 …………………………………………… 24

　　Ⅲ 离心泵特性曲线测定 ………………………………………… 30

　实验四 板框恒压过滤常数测定 …………………………………… 32

　实验五 冷空气-热蒸汽传热系数测定 …………………………… 37

　实验六 筛板精馏塔全回流与部分回流 …………………………… 47

　实验七 氧气的吸收与解吸 ………………………………………… 52

　实验八 有机相-水相萃取 ………………………………………… 61

　实验九 洞道式干燥速率曲线测定 ………………………………… 67

**第四章　化工原理仿真实验** ································ 75

**第一节　化工原理实验仿真软件简介** ···················· 75
一、仿真软件开发介绍和安装使用环境 ···················· 75
二、化工原理实验仿真软件安装 ························ 75
三、安装运行平台 ···························· 80
四、仿真软件界面介绍 ······················· 82
**第二节　化工原理实验仿真软件操作** ···················· 90
仿真软件操作1：雷诺现象演示 ······················· 90
仿真软件操作2：伯努利方程演示实验 ··················· 92
仿真软件操作3：板框恒压过滤常数测定 ················· 93
仿真软件操作4：冷空气-热蒸汽传热系数的测定 ············ 95
仿真软件操作5：筛板精馏塔全回流操作和部分回流分离操作 ····· 98
仿真软件操作6：氧气的吸收与解吸实验 ················· 101
仿真软件操作7：有机相-水相萃取实验 ················· 103
仿真软件操作8：洞道式干燥速率曲线的测定实验 ··········· 105
仿真软件操作9：化工流体流动综合实验 ················· 107

**附录** ·············································· 112

附录1　化工原理实验预习报告格式要求 ················· 112
附录2　化工原理实验报告格式要求 ··················· 113
附录3　化工原理实验基础数据 ····················· 114
附录4　化工原理实验室安全操作规程 ················· 117
附录5　阿贝折光仪（型号 WYA-2W） ················· 120
附录6　便携式溶氧测量仪（型号 innoLab 10D） ··········· 122

**参考文献** ········································· 126

# 第一章

# 绪　论

化工原理教学除了系统地讲授基础理论外，实验教学也是一个必不可少的实践性环节。因此，实验教学在化工原理教学中的作用、地位及其意义，不容忽视。化工原理实验属于工程实验范畴，具有典型的工程特点，担负着由理论到工程、由基础到专业的桥梁作用；对化工类及相关专业学生的工程能力培养起着举足轻重的作用。化工原理实验验证了化工过程中的一些基本理论，是学习、掌握和应用化工原理这门课的必要手段。化工原理实验与其他化学实验相比具有明显的工程特点，与化学工程技术问题紧密结合，对化工单元操作设备的设计等均具有指导意义。

## 一、化工原理实验教学目的

（1）通过实验教学，验证化工单元过程的基本理论，运用理论分析实验过程及其现象，让学生进一步掌握、巩固和加深化工原理理论知识，得到将理论应用于实践的训练，巩固和深化理论知识。

（2）熟悉实验装置流程及常用化工仪器仪表的使用，了解典型化工过程和化工设备结构的特点。用所学的化工原理理论知识去解决实验中遇到的各种实际问题。

（3）训练实际操作和掌握化工实验的基本技能，培养观察实验现象，测定化工参数，分析、整理实验数据和编写工程实验报告的能力，进而分析、解决化工原理实验问题，得出正确的结论。增强学生的工程观点，培养学生良好的科学实验能力。

（4）养成实事求是的科学态度、严谨的科学作风，以及爱护实验仪器、设备，热爱劳动的良好品德。培养学生从事科学实验的初步能力。科学实验的能力培养主要包括如下几方面。

① 培养设计实验方案的能力。

② 培养观察和分析实验现象和解决实验问题的能力。

③ 培养正确选择和使用测量仪表的能力。

④ 培养实验数据处理以获得实验结果的能力。

为达到上述目的，要求参加实验的学生必须严肃认真地对待实验教学中的每一个环节，认真预习，并按照实验教学的目的和内容，主动、积极、认真地进行实验操作，圆满完成实验项目。

## 二、化工原理实验教学要求

### 1. 实验课前预习

化工原理实验装置及流程较为复杂，测试仪器较多，课前预习尤其重要。要求学生实验课前认真阅读实验教材及理论教材的有关内容，清晰地掌握实验目的和要求、实验内容和实验依据的原理，严格按照要求完成实验预习报告，预习报告格式请参考附录1。

### 2. 实验课中实际操作

学生进入实验室，得到教师允许后，才能启动设备。在实验过程中，学生要按操作规程认真操作。操作中出现安全事故时，首先应该断电断水，然后报告指导教师。发现仪器仪表有故障，应立即向指导教师报告，不得擅自行事。观察实验现象要认真，测定实验数据要细致，记录数据结果要详尽。全部数据记录完毕，交于指导教师审查可行后，才可结束实验。实验结束，将设备和仪表恢复原状，整理台面，清扫环境。

### 3. 实验课后实验报告的撰写

实验报告虽以实验数据的准确性和可靠性为基础，但将实验结果整理成一份好的报告，却也是需要经过训练的一种实际工作能力。往往有这样的情形，有一些学生实验技能较好，实验也做得成功，却整理不出一篇科学合理的实验报告。因此，对于学生来说，撰写实验报告也是一项需要经过严格训练的工作，这种训练对今后写好科学论文和研究报告大有裨益。实验报告的具体格式请参考附录2。

## 三、化工原理实验注意事项

（1）实验室是进行科学实验的场所，到实验室进行实验时应保持实验室的整洁和安静。实验室内必须以严肃认真的态度进行实验，遵守实验室的各项规章制度。禁止在实验室内大声喧哗、追逐嬉闹和随地吐痰；禁止赤足、穿拖鞋背心进实验室。不得在实验室进食；不准擅自离开操作岗位，室内不得进行与实验无关的事。实验过程中应服从指导教师及实验室工作人员的指导。否则，将视其情节进行批评直至停止实验操作。每位同学应按实验安排表准时到指定地点参加实验，不得无故缺课，未经指导教师许可，不得擅自调换实验项目。

（2）化工原理实验装置复杂，管道仪表繁多，所以要求爱护一切实验设备与器材，在未弄清仪器设备的使用要求前，不得运转。实验设备易碎易坏难替换且价格昂贵，如果粗心大意或使用不当，不仅会造成国家财产损失，而且会使实验教学中断，使别人失去学习研究机会。爱护仪器、实验设备及实验室其他设施，损坏照价赔偿。在保证完成实验要求下，注意节约水、电、气、油以及化学药品等。

（3）实验前要认真阅读实验教材和装置仪器说明书，仔细检查实验装置和仪器仪表是否完好。实验完毕，认真整理，恢复装置原状，保持环境整洁。若有损坏，立即报告。有了损坏或隐患不报告，往往会使下一轮从事实验的人员不明真相而操作，从而导致事故，这种行为应该杜绝。实验操作过程中，注意用电、用液化气及使用有害药品的安全，并注意防火、实验室内严禁吸烟、精馏塔等附近不准使用明火，启动电器设备时，防触电，注意电机有无异常声音。高度重视防止触电，高压爆炸，火灾、中毒等安全工作。实验前要了解总电闸、分电闸位置，严禁湿手操作电气开关。

（4）实验过程中注意保持实验环境的整洁。实验结束后应进行清洁和整理，将仪器设备恢复原状。细心观察记录与思考，严格按操作规程操作，注意培养认真细致的科学作风。实验过程中，因违反操作规程损坏仪器、设备，应根据情节的轻重和态度由指导教师会同实验室负责人商定，按仪器、设备价值酌情折价赔偿，情节严重、损失较大者，上报学校进行处理。

## 思考题

1. 阐述化工原理实验课程的重要性？
2. 化工原理实验的工程性主要体现在哪些方面，举例说明？
3. 化工原理实验的安全操作主要包括哪些方面，举例说明？

# 第二章

# 化工原理实验基础知识

## 第一节  化工原理实验常用仪表

### 一、压力检测及压力仪表

压力测量仪表是用来测量气体或液体压力的工业自动化仪表，又称压力表或压力计。压力测量仪表按工作原理分为表 2-1 所示四大类。

**表 2-1  测压仪表分类**

| 测量方式 | 测量原理 | 常用的形式 |
|---|---|---|
| 液柱式压力计 | 依据重力与被测压力平衡的原理制成的,可将被测压力转换为液柱的高度差进行测量 | U 形管压力计<br>单管压力计<br>斜管压力计 |
| 弹性式压力计 | 依据弹性力与被测压力平衡的原理制成,弹性元件变形的多少反映了被测压力的大小 | 弹簧管压力计<br>波纹管压力计<br>膜盒式压力计 |
| 电气式压力计 | 利用物质与压力有关的物理性质进行测压 | 电阻应变片式、电容式、压电式、电感式、霍尔式 |
| 活塞式压力计 | 根据水压机液体传送压力的原理,将被测压力转换成活塞面积上所加平衡砝码的质量 | 它普遍地被作为标准仪器,用来校验或刻度弹性式压力计 |

#### 1. 液柱式压力计

液柱式测压仪表根据流体静力学原理，利用液柱所产生的压力与被测压力的平衡，并根据液柱高度来确定被测压力大小的压力计。所用液体叫做液封，常用的有水、酒精、水银等。液柱式压力计多用于测量低压、负压和压力差。常用的液柱式压力计如图 2-1 所示，其中，(a) U 形管压力计、(b) 单管压力计及 (c) 斜管压力计（测量原理可参考化工原理教材）。化工原理实验设备中最常见的为 U 形管压力计，通过两侧的液位差计算出压力的大小。

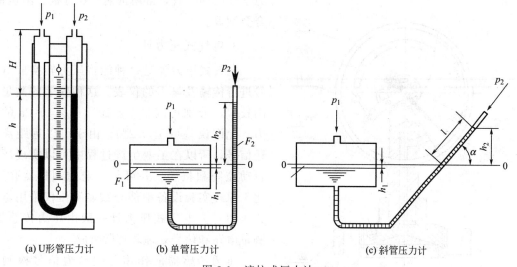

(a) U形管压力计      (b) 单管压力计      (c) 斜管压力计

图 2-1   液柱式压力计

$p_1$，$p_2$—测压点压力；$h$，$l$，$H$—液位差；$\alpha$—液柱与水平面的夹角

### 2. 弹性式压力计

弹性式压力计是将压力信号转变为弹性元件的机械变形量，以指针偏转的方式输出信号。工业系统中多使用此类压力计。弹性元件根据形状分类有：单圈弹簧管压力表、多圈弹簧管压力表、膜片压力表、膜盒压力表及波纹管压力表。化工原理实验设备中大部分安装的为弹簧管压力表。

弹簧管压力表：又称波登管压力表，一般分为：压力表、压力真空表、真空表和精密压力表。弹簧管在受压或真空作用下，弹簧管产生弹性形变引起管端位移，其位移通过机械传动机构进行放大，传递给指示装置，再由指针在刻有法定计量单位的分度盘上指出被测压力或真空的量值。弹簧管压力表主要适用于测量无爆炸，不结晶，不凝固，对铜和铜合金无腐蚀作用的液体、气体或蒸汽的压力。弹簧管压力表的测量范围一般为 0.1～250MPa，不同量程的弹簧管压力表如图 2-2 所示。

图 2-2   不同量程的弹簧管压力表

弹簧管压力表的心脏为弹簧管，压力加入后发生形变，产生位移，其工作原理如图 2-3所示。弹簧管的横截面形状做成扁形，一端与支架焊接，另一端封闭后与连杆连接。弹簧管材料应该具有较高的弹性极限，抗疲劳极限和耐腐蚀性，易焊接，加工性能好，化学成分和

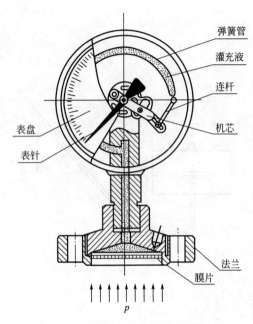

图 2-3  弹簧管压力表工作原理示意

力学性能均一致，常用黄铜、磷青铜、不锈钢、合金钢等。

### 3. 电气式压力计

电气式压力计是一种能将压力转换成电信号进行传输及显示的仪表。这种仪表的测量范围较广，分别可测量 $7\times10^5\sim5\times10^8$ Pa 的压力，允许误差可至 0.2%。由于可以远距离传送信号，所以在工业生产过程中可以实现压力自动控制和报警，并可与工业控制机器联用，化工原理实验设备中部分数显测压仪采用电气式压力计。电气式压力计一般由压力传感器、测量电路和信号处理装置所组成。

压力传感器的作用是把压力信号检测出来，并转换成电信号进行输出，当输出的电信号能够被进一步变换为标准信号时，压力传感器又称为压力变送器。从压力转换成电量的途径来看，可分为电阻式、电容式、电感式等。

（1）电阻应变片式压力传感器　被测压力作用于弹性敏感元件上，使它产生变形，在其变形的部位粘贴有电阻应变片，电阻应变片能感受被测压力的变化，按照这种原理设计的传感器称为电阻应变片式压力传感器。

（2）电容式压力变送器　以弹性元件膜片为电容器的可动极板，它与固定极板之间形成一可变电容。随着被测压力的变化，膜片产生位移，使电容器的可动极板与固定极板之间的距离改变，从而改变了电容器的电容量，完成压力信号与电容器之间的变化。

（3）电感式压力传感器　以电磁感应原理为基础，利用磁性材料和空气的磁导率不同，把弹性元件的位移量转换为电路中电感量的变化或互感量的变化，再通过测量线路转变为相应的电流或电压信号。

### 4. 压力仪表的选用

根据压力表的用途，可分为普通压力表、氨压力表、氧气压力表、电接点压力表、远传压力表、耐振压力表、带检验指针压力表、双针双管或双针单管压力表、数显压力表、数字精密压力表等。测量黏稠或酸碱等特殊介质时，应选用隔膜压力表、不锈钢弹簧管、不锈钢机芯、不锈钢外壳或胶木外壳。按其所测介质不同，在压力表上应有规定的色标，并注明特殊介质的名称，如氧气表必须标以红色"禁油"字样，氢气用深绿色下横线色标，氨用黄色下横线色标等。在化工原理实验设备中一般安装的为普通压力表。

压力表量程的选择：一般在被测压力较稳定的情况下，最大工作压力不应超过仪表满量程的 2/3；在被测压力波动较大或脉冲压力时，最大工作压力不应超过仪表量程的 1/2；为了保证测量准确度，最小工作压力不应低于满量程的 1/3。当被测压力变化范围大，最小和最大工作压力可能不能同时满足上述要求时，选择仪表量程应首先要满足最大工作压力条件。

## 二、温度检测及测温仪表

### 1. 温标的概念

所谓"温标"即衡量物体温度高低的标尺。只有建立精确的温标，才能准确地测取温度。不同的温标表示同一点的温度数值不同。国际通用的有三种温标。

（1）摄氏温标（也叫百分温标）　利用水银、酒精等物体体积的热胀冷缩的性质建立起来的。标准大气压下，冰的熔点为 0℃，水的沸点为 100℃，0～100℃之间分成 100 等份，每份为 1℃。

（2）华氏温标　在标准大气压下，冰的熔点为 32℉，水的沸点为 212℉。

摄氏温标与华氏温标之间的关系为：

$$华氏温度 = (1.8t + 32)℉$$

式中，$t$ 代表摄氏温标的温度示值。

注：华氏温标单位在我国不是法定计量单位，但是在欧美国家有广泛的应用。

（3）热力学温标　热力学温标是以热力学第二定律为基础的温标，它已由国际大会采纳作为国际统一的基本温标。热力学温标又称开氏温标（以符号 K 表示），它规定分子运动停止时的温度为热力学零度（或称最低理论温度）。热力学温标是纯理论的，不能付诸实用。

国际实用温标为摄氏温标：

$$t = T - 273.15$$

式中，$t$ 为摄氏温度；$T$ 为热力学温度。

### 2. 测温仪表

测温仪表有很多种分类方法，按使用范围分，有高温计，测量温度在 600℃ 以上；普通温度计，测量温度在 600℃ 以下。按测温原理分，有膨胀式温度计、压力式温度计、热电阻温度计、热电偶高温计、辐射式高温计。按测量方式分，有接触式和非接触式温度计；详细分类可参见表 2-2。

表 2-2　测温仪表分类

| 方式 | | | | |
|---|---|---|---|---|
| 测量原理 | 膨胀式温度计 | 固体膨胀式温度计 | 测量原理 | 光学高温计 |
| | | 液体膨胀式温度计 | | 光电高温计 |
| | 压力表式温度计 | 气体压力式温度计 | | 红外测温仪 |
| | | 液体压力式温度计 | | |
| | | 蒸汽压力式温度计 | | |
| | 热电阻式温度计 | 金属热电阻温度计 | | |
| | | 半导体热电阻温度计 | | |
| | 热电偶式温度计 | 标准材料热电偶温度计 | | |
| | | 特殊材料热电偶温度计 | | |

（接触式温度计 / 非接触式温度计）

（1）接触式液体膨胀式温度计

接触式液体膨胀式温度计主要有酒精温度计、煤油温度计及水银温度计，见图 2-4。

① 酒精温度计　利用酒精热胀冷缩的性质制成的温度计。在 1atm（1 标准大气压，

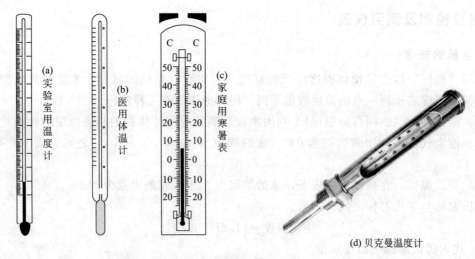

图 2-4 接触式液体膨胀式温度计

1atm=101325Pa)下，酒精温度计所能测量的最高温度一般为78℃。因为酒精在1atm下，其沸点是78℃。但是温度计内压强一般都高于1atm，所以有一些酒精温度计的量程大于78℃。在北方寒冷的季节，通常会使用酒精温度计来测量温度，这是因为水银的凝点是－39℃，在寒冷地区可能会因为气温太低而使水银凝固，无法进行正常的温度测量，而酒精的凝点是－117℃，不必担心这个问题。酒精温度计的量程是－117～78℃。因为酒精的沸点比较低，随温度的变化的线性不够好，现逐渐淘汰。

② 煤油温度计　工作物质是煤油，它的沸点一般高于150℃，凝固点低于－30℃。所以煤油温度计的量程为－30～150℃。目前市面上出售的家用气温计多为煤油温度计。它的分度值较大，多为1℃，因此不能作精确的测量，仅仅适合于精度要求不高的场合。

注：酒精或者煤油温度计内的液体均为红色液体，主要原因为了方便观察，加了红色染料。

③ 水银温度计　一种具有银白色的内部液柱的温度计。水银的体积随着温度的变化基本上呈线性，在所有可选择的材料中是最理想的，水银不能对玻璃浸润，无表面张力的负面影响。水银的凝固点是－39℃，沸点是356.7℃，测量温度范围是－39～357℃。用它来测量温度，不仅简单直观，而且还可以避免外部远传温度计的误差。

化工原理实验最常用的具有控温功能的贝克曼温度计，属于移液式玻璃水银温度计，主要用于测量温差。贝克曼温度计有两个贮液泡：感温泡和与之相通的接在毛细管上端构成回纹状的备用泡，感温泡是温度计的感温部分，其水银量在不同温度间隔内能作增或减的调整。备用泡用来贮存或补充感温泡内多于或不足的水银量。贝克曼温度计有两个刻度尺：主刻度尺和备用泡处的副刻度尺。主刻度尺用来测量温差，其示值范围有0～5℃或0～6℃，分度值为0.01℃；副刻度尺表示温度计测量温差的温度范围，在调整主刻度尺的温度间隔时，以此作为参考，其测量范围为（－20～120℃），分度值为2℃。

水银温度计常常发生水银柱断裂的情况，消除方法有：冷修法，将温度计的测温包插入干冰和酒精混合液中（温度不得超过－38℃）进行冷缩，使毛细管中的水银全部收缩到测温包中为止；热修法，将温度计缓慢插入温度略高于测量上限的恒温槽中，使水银断裂部位与整个水银柱连接起来，再缓慢取出温度计，在空气中逐渐冷至室温。

（2）接触式热电偶和热电阻温度计　化工原理设备中的温度探头主要有热电偶和热电阻两种（见图 2-5）。

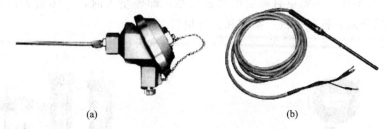

(a)　　　　　　　　　　(b)

图 2-5　接触式热电偶（a）和热电阻温度探头（b）

① 热电偶　工作原理是两种不同成分的导体两端连接成回路，如两连接端温度不同，则在回路内产生热电流的物理现象。热电偶由两根不同导线（热电极）组成，它们的一端是互相焊接的，形成热电偶的测量端（也称工作端）。将它插入待测温度的介质中，而热电偶的另一端（参比端或自由端）则与显示仪表相连。如果热电偶的测量端与参比端存在温度差，则显示仪表将指出热电偶产生的热电动势。

② 热电阻　利用金属导体或半导体有温度变化时本身电阻也随着发生变化的特性来测量温度的，热电阻的受热部分（感温元件）是用细金属丝均匀地绕在绝缘材料作成的骨架上或通过激光溅射工艺在基片上形成。当被测介质有温度梯度时，则所测得的温度是感温元件所在范围内介质层的平均温度。

根据测温范围选择：500℃以上一般选择热电偶，500℃以下一般选择热电阻。根据测量精度选择：对精度要求较高选择热电阻，对精度要求不高选择热电偶。根据测量范围选择：热电偶所测量的一般指"点"温，热电阻所测量的一般指空间平均温度。

## 三、流量测量及仪表

在化工生产过程中，物料的输送绝大部分是在管道中进行的，因此，用于管道流动的流量检测最为常用。由于流量检测条件的多样性和复杂性，流量的检测方法非常多，是工业生产过程常见参数中检测方法最多的。

流量测量方法和仪表种类繁多，其分类方法亦多。按测量对象划分就有封闭管道用和明渠用两大类。按测量目的又可分为总量测量和流量测量，其仪表分别称作总量表和流量计。按测量原理分为力学原理、热学原理、声学原理、电学原理、原子物理学原理等。按照检测量的不同，可以分为体积流量检测和质量流量检测。按照检测原理不同，流量检测方法又可分为速度法、容积法和质量法。

### 1. 速度法

速度法的原理是以流量测量管道内流体的平均流速，再乘以管道截面积，求得流体的体积流量。基于这种检测方法的流量检测仪表有压差式流量计、转子流量计、电磁流量计和超声波流量计等。化工原理实验设备中较是常见的是压差式流量计和转子流量计。

（1）压差式流量计　也称孔板流量计，利用柏努利方程原理来测量的流量仪器（见图2-6）。在气体的流动管道上装有一个节流装置，其内装有一个孔板，中心开有一个圆孔，其孔径比管道内径小，在孔板前流体稳定地向前流动，流过孔板时由于孔径变小，截面积收缩，使稳定流动状态被打乱，因而流速将发生变化，速度加快，气体的静压随之降低，于是在孔板前后产生压力降落，即差压（孔板前截面大的地方压力大，通过孔板截面小的地方压力小）。差压的大小和气体流量有确定的数值关系，即流量大时，差压就大；流量小时，差压就小。常用的节流装置有孔板、喷嘴和文丘里管。

图 2-6 压差流量计

图 2-7 转子流量计

（2）转子流量计 转子流量计由两个部件组成，一件是从下向上逐渐扩大的锥形管；另一件是置于锥形管中且可以沿管的中心线上下自由移动的转子（见图 2-7）。转子流量计当测量流体的流量时，被测流体从锥形管下端流入，流体的流动冲击着转子，并对它产生一个作用力（这个力的大小随流量大小而变化）；当流量足够大时，所产生的作用力将转子托起，并使之升高。同时，被测流体流经转子与锥形管壁间的环形断面，这时作用在转子上的力有三个：流体对转子的动压力、转子在流体中的浮力和转子自身的重力。流量计垂直安装时，转子重心与锥管管轴会相重合，作用在转子上的三个力都沿平行于管轴的方向。当这三个力达到平衡时，转子就平稳地浮在锥管内某一位置上。对于给定的转子流量计，转子大小和形状已经确定，因此它在流体中的浮力和自身重力都是已知的常量，唯有流体对浮子的动压力是随来流流速的大小而变化的。因此当来流流速变大或变小时，转子将作向上或向下的移动，相应位置的流动截面积也发生变化，直到流速变成平衡时对应的速度，转子就在新的位置上稳定。对于一台给定的转子流量计，转子在锥管中的位置与流体流经锥管的流量的大小成对应关系。转子流量计的转子可采用不锈钢、铝、青铜等材料制成。

**2. 容积法**

容积式流量计，在流量仪表中是精度最高的一类。在单位时间以标准固定体积对流动介质连续不断地进行测量，以排出流体固定容积数来计算流量。在容积式流量计内部具有构成一个标准体积的空间，通常称其为容积式流量计的"计量空间"或"计量室"。容积式流量计的工作原理为：流体通过流量计，就会在流量计进出口之间产生一定的压力差。流量计的转动部件（简称转子）在这个压力差作用下会产生旋转，并将流体由入口排向出口。在这个过程中，流体一次次地充满流量计的"计量空间"，然后又不断地被送往出口。在给定流量计的条件下，该计量空间的体积是确定的，只要测得转子的转动次数，就可以得到通过流量计的流体体积的累积值。常用的有椭圆齿轮流量计和腰轮转子流量计。

该类型的流量计的优点是：计量精度高；安装管道条件对计量精度没有影响；可用于高黏度液体的测量；直读式仪表无需外部能源可直接获得，操作简便。缺点是：结果复杂、体积庞大；被测介质种类、口径、介质工作状态局限性较大；不适用于高、低温场合；大部分仪表只适用于洁净单相流体；产生噪声及振动。

### 3. 质量流量

质量流量的检测分为直接法和间接法两种。直接式质量流量计有角动量式、量热式和科氏力式等；间接式质量流量计是同时测出容积流量和流体的密度而自动计算出质量流量的。质量流量计测量精度不受流体的温度、压力和密度等影响，是一种新型的正处于发展中的仪表。

---

### 思考题

1. 工程实验中通常需要注意哪些参数的变化？
2. 简述化工原理实验设备中压力表的类型及测量原理。
3. 简述化工原理实验设备中流量计类型及测量原理。
4. 简述化工原理实验设备中温度测量仪表及测量原理，如何尽可能减小测量误差？

## 第二节　实验数据记录与处理

### 一、实验数据记录

为了保证实验获得正确的处理结果，实验时应注意正确采集原始数据。除了认真检查实验装置设备，减少系统误差外，应精心操作，认真读取和记录数据，减少人为的过失误差，力求原始数据准确。因此，在实验数据采集和记录过程中，需做到以下几点。

#### 1. 实验记录翔实并清晰可见

实验前应该作好充分准备，理清实验原理、目的、要求以及实验条件和可能产生偏差的因素等。在实验过程中应该准确操作，细心观察，正确地记录有关实验数据，并把实验过程中的异常现象及时记录下来。

实验记录内容需工整，数据记录表格清晰。实验记录本一定按进度及时、真实、客观地记录，要确实做到"实验结果是什么，就记录什么；实验做到哪里，就写到哪里"，不得有先入为主的思想，更不可以凭自己的主观想象随意捏造实验数据。对每一实验的操作、读数、记录都应认真对待，一丝不苟。

所有的记录数字应明晰并且附有相应的计量单位，实验数据的记录误差尽可能限制在小的范围内。进行重复性实验发现有异常现象或结果，需特别注明异常点并尽可能说明原因；若后续实验可证明异常现象的原因，必须将验证结果补列于此次实验报告中。若有笔误，直接用笔划删除即可，不可使用修正液修改，也不可将实验记录本内页撕去；详细记载实验内容包括：条件参数、操作步骤、反应操作时间、反应操作方式、取样方法、分析方法等。

#### 2. 正确地选择测试参数

根据课前预习，对实验要测定的参数要做到了如指掌，懂得哪些参数为已知，哪些参数是需要从工具手册中查阅的，哪些参数是需要测量的。对于已知参数，如实记录；对于需要查阅的参数，应该提前已经查阅记录；对于需要测定的参数一定要考虑全面，否则实验有可能需要重新做。比如离心泵特性曲线测定需要记录的数据包括：流速、泵前真空度、泵后压力、功率等。因此，正确地选择测试参数是实验成功的必备的前提条件。

### 3. 采集的数据应正确地反映实验结果

对稳态实验操作过程，不仅应注意保证局部数据的准确性，还要注意与其他数据的联系。所以，一定要在达到稳态的条件下，才可读取数据，否则由于未达到稳定，其数据不具有真实对应关系。而对于不稳定实验，则应按实验过程规划好读数的时间或位置，应该取同一瞬时值。

## 二、实验数据处理

实验获得的大量原始数据，通常需要进行计算处理，才能得到可以应用的结果，如列表、作图或整理成经验公式，以便于与理论结果对比分析，对实验结果作出评价。

### 1. 实验数据的取舍

实验过程中不可避免地存在系统误差和随机误差，所以需要对记录的实验数据进行适当的取舍。测定数据中如有可疑值，经检查非操作失误引起，可通过实验原理检验同组测定数据的一致性后，再决定其取舍。

### 2. 实验数据的处理

实验数据的整理与及时处理是化工原理实验不可避免的重要环节。数据整理与处理应采取以下规则进行。

① 数据处理前，一定把所有参数的单位转化为 SI 单位制。

② 当数据加减时，其结果的小数点后保留位数与各数中小数位数最少者相同。

③ 当各数相乘、除时，其结果的小数点后保留位数与各数中有效数字位数最少者相同。

④ 尾数的取舍按"四舍六入五单双"原则处理，当尾数前边一个数为五，其后的数字不全为零时则进一，其后边全部数字为零时，以保留数的末位的奇偶决定进舍，奇进偶（含零）舍。

处理后的数据列表进行可靠性分析，并与实验原理或者预期的实验结果进行对比。必要时进行适当的取舍，并给出合理的解释。本实验书中每个实验均给出了典型数据的处理过程，以供实验人员参考。

### 3. 实验图表的绘制

实验数据经过单位换算、方程求解、数据转换和曲线拟合等处理后，同时实验数据处理的结果往往也需要制作成表格、绘制出线图等形式，以直观反映实验结果。这些数据处理过程如果采用手工方式处理，不仅费时费力、容易出错，而且绘制的图表误差较大、不规范。

针对工科实验数据处理的特点，选择目前较为常用 Origin 软件作为平台，借助它强大的数据统计、数据分析和数据报告功能，进行数据处理并绘制图表，是目前比较简单易学的一种数据处理方式。所以进行化工原理实验的潜在要求是学习并熟练应用 Origin 软件或者相似的软件进行数据处理，图表绘制。

## 思考题

1. 记录数据过程中面对仪表显示反复跳动，一般采用什么原则取舍数据？
2. 数据处理过程中的小数点如何取舍？
3. 为了保证记录数据的可靠性及计算简捷，应该均采用什么单位？
4. 列举一些在化工实验过程中常用的计算机软件。

# 第三章

# 实 验 内 容

## 实验一　雷诺现象演示

### 一、实验目的

通过雷诺现象演示实验可以了解层流、过渡流、湍流等各种流型，清晰观察到流体在圆管内流动过程的速度分布，并可测定出不同流动形态对应的雷诺数。

### 二、实验内容

通过控制水的流量，观察管内红线的流动形态来理解流体质点的流动状态，并分别记录不同流动形态下的流体流量值，计算出相应的雷诺数。

### 三、实验原理

流体在圆管内的流型可分为层流、过渡流和湍流三种状态，可根据雷诺数来予以判断。本实验通过测定不同流型状态下的雷诺数值来验证该理论的正确性。

雷诺数：

$$Re_i = \frac{u_i d_i \rho_i}{\mu_i}$$

式中，$d_i$ 为管径，m；$u_i$ 为流体的流速，m/s；$\rho_i$ 为流体的密度，kg/m³；$\mu_i$ 为流体的黏度，N·s/m²。

### 四、实验装置

实验装置如图 3-1 所示。

### 五、实验操作步骤

#### 1. 实验前准备工作

（1）向下口瓶中加入适量用水稀释过的浓度适中的红墨水，调节夹子使红墨水充满进样管。

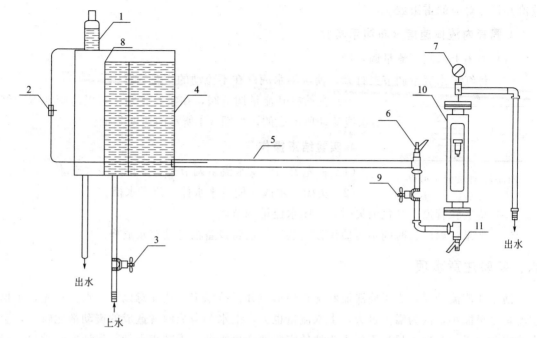

图 3-1　雷诺实验装置

1—下口瓶；2—调节夹；3—进水阀；4—高位槽；5—测试管（$\phi30\times2.5$，$L=1$m）；
6—排气阀；7—温度计；8—溢流口；9—流量调节；10—转子流量计；11—排水阀

（2）观察细管位置是否处于管道中心线上，适当调整针头使它处于观察管道中心线上。

（3）关闭水流量调节阀、排气阀，打开上水阀、排水阀，向高位水箱注水，使水充满水箱并产生溢流，保持一定溢流量。

（4）轻轻开启水流量调节阀，使水缓慢流过实验管道，并让红墨水充满管道。

### 2. 雷诺实验演示

（1）在做好以上准备的基础上，调节进水阀，维持尽可能小的溢流量。

（2）缓慢有控制地打开红墨水流量的调节夹，红墨水流束即呈现不同流动状态，红墨水流束所表现的就是当前水流量下实验管内水的流动状况（图 3-2 表示层流流动状态）。读取流量数值并计算出对应的雷诺数。

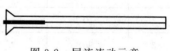

图 3-2　层流流动示意

（3）因进水和溢流造成的震动，有时会使实验管道中的红墨水流束偏离管内中心线或发生不同程度的左右摆动，此时可立即关闭进水阀 3，稳定一段时间，即可看到实验管道中出现的与管中心线重合的红色直线。

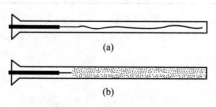

图 3-3　过渡流（a）和
湍流（b）流动示意

（4）加大进水阀开度，在维持尽可能小的溢流量的情况下增大水的流量，根据实际情况适当调整红墨水流量，即可观测实验管内水在各种流量下的流动状况。为部分消除进水和溢流所造成震动的影响，在滞流和过渡流状况的每一种流量下均可采用（3）中介绍的方法，立即关闭进口阀门，然后观察管内水的流动状况（过渡流、湍流流动如图 3-3 所示）。读取流量数值并计算对应的雷诺数。

### 3. 圆管内流体速度分布演示实验

（1）关闭上水阀、流量调节阀。

（2）将红墨水流量调节夹打开，使红墨水滴落在不流动的实验管路中。

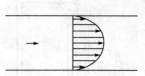

（3）突然打开流量调节阀，在实验管路中可以清晰地看到红墨水线流动所形成的，如图3-4所示的速度分布。

### 4. 实验结束操作

图3-4　速度分布示意

（1）首先关闭红墨水流量调节夹，停止红墨水流动。

（2）关闭上水阀，使自来水停止流入水槽。

（3）待实验管道中红色消失时，关闭水流量调节阀。

（4）如果日后较长时间不再使用该套装置，请将设备内各处存水放净。

## 六、实验注意事项

演示滞流流动时，为了使滞流状况较快形成并保持稳定，请注意以下几点：首先，水槽溢流量尽可能小，因为溢流过大，上水流量也大，上水和溢流两者造成的震动都比较大，会影响实验结果；其次，尽量不要人为地使实验架产生震动，为减小震动，保证实验效果，可对实验架底面进行固定。

## 七、实验数据及现象记录示例

实验现象记录示例见表3-1。

### 表3-1　实验现象记录

水温 $t$：　25　℃；水的密度 $\rho_i$ 997.05kg/m³；水的黏度 $\mu_i$ 0.8949×10⁻³ N·s/m²；管内径 $d_i$ 0.025m

| 序号 | 流量 /(L/h) | 流量 $q×10^5$ /(m³/s) | 流速 $u×10^2$ /(m/s) | 雷诺数 $Re×10^{-2}$ | 观察现象 | 流型 |
|---|---|---|---|---|---|---|
| 1 | 60 | 1.67 | 3.40 | 9.47 | 管中一条红线 | 层流 |
| 2 | 70 | 1.94 | 4.00 | 11.14 | 管中一条红线 | 层流 |
| 3 | 90 | 2.50 | 5.10 | 14.20 | 管中一条红线 | 层流 |
| 4 | 100 | 2.78 | 5.70 | 15.87 | 管中红线波动 | 过渡流 |
| 5 | 120 | 3.33 | 6.80 | 18.94 | 管中红线波动 | 过渡流 |
| 6 | 140 | 3.89 | 7.90 | 22.00 | 红水扩散 | 湍流 |
| 7 | 160 | 4.44 | 9.10 | 25.34 | 红水扩散 | 湍流 |

## 思考题

1. 根据实验现象归纳引起雷诺数变化的因素。

2. 雷诺数越小意味着什么，越大意味着什么？

3. 了解雷诺数在实际生产生活中的实际体现以及意义。

# 实验二　伯努利方程演示

## 一、实验目的

1.演示流体在管内流动时静压能、动能、位能之间的相互转换关系。
2.通过能量之间变化了解流体在管内流动时其流体阻力的表现形式。
3.观察当流体经过扩大、收缩管段时，各截面上静压头的变化过程。

## 二、实验内容

1.测量几种情况下的压头，并作分析比较。
2.测定管中水的平均流速和点 $C$、$D$ 处的点流速，并做比较。

## 三、实验原理

在实验管路中沿管内水流方向取 $n$ 个过水断面。运用不可压缩流体的定常态流动的伯努利方程，可以列出进口附近断面1至另一缓变流断面（$i$）的柏努利方程：

$$z_1 + \frac{p_1}{\rho g} + \frac{\alpha_1 u_1^2}{2g} = z_i + \frac{p_i}{\rho g} + \frac{\alpha_i u_i^2}{2g} + h_{w,1-i}$$

$$i=2，3，4，\cdots，n；取 \alpha_1=\alpha_2=\cdots=\alpha_n=1$$

式中　$u_i$——某测量段流体的流速，m/s；

　　　$\rho$——水的密度，kg/m$^3$；

　　　$p_i$——某测压点的压强，kPa；

　$h_{w,1-i}$——$1-i$ 段之间的阻力损失。

选好基准面，从断面处已设置的静压测管中读出前两项的值；通过测量管路的流量，计算出各断面的平均流速 $u$ 和第3项的值，最后即可得到各断面的机械能总值。

## 四、实验装置基本情况

实验设备流程如图3-5和图3-6所示。

## 五、实验操作步骤

1.向水箱4加入一定量的蒸馏水，关闭离心泵出口流量调节阀2、旁路调节阀3、排气阀8、排水阀10、调节阀9，启动离心泵。

2.打开旁路调节阀3，逐步开大离心泵流量调节阀2，当高位槽溢流管有液体溢流后，利用流量调节阀9调节出水流量，稳定一段时间。

3.待流体稳定后读取并记录各点数据。

4.逐步关小流量调节阀，重复以上步骤，继续测定多组数据。

5.分析讨论流体流过不同位置处的能量转换关系并得出结论。

6.关闭步骤1中所开启的阀门，关闭离心泵，把高位水箱的水放回水箱4中，结束实验。

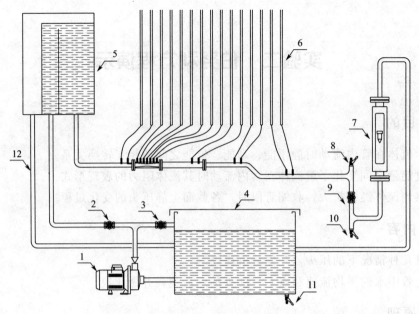

图 3-5　伯努利方程演示实验装置

1—离心泵（WB50/025）；2—流量调节阀；3—旁路调节阀；4—水箱（750×375×500）；5—高位水箱（446×446×500）；
6—玻璃管压差计；7—转子流量计；8—排气阀；9—调节阀；10—排水阀；11—水箱放水阀；12—溢流管

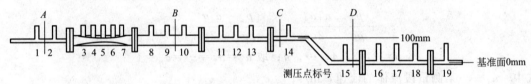

图 3-6　实验装置导管管路

A、B、C、D 将导出管路分成 5 部分

## 六、实验注意事项

1. 离心泵出口上水阀不要开得过大，以免水流冲击到高位槽外面，导致高位槽液面不稳定。

2. 调节水流量时，注意观察高位槽内水面是否稳定，随时补充水量保持稳定。

3. 减小水流量时阀门调节要缓慢，以免测压管中的水溢出管外。

4. 注意排除实验导管内的空气泡。

5. 避免离心泵空转或离心泵在出口阀门全开的条件下工作。

## 七、实验数据记录及处理

实验数据记录见表 3-2。

表 3-2　实验数据记录

水温 $t$ ＿＿℃；水的密度 $\rho_i$ ＿＿ kg/m³；水的黏度 $\mu_i$ ＿＿ N·s/m²；管内径 $d_i$ ＿＿ m

| 序号 | 操作 | | 液位/mm | 测压点 | | | | |
|---|---|---|---|---|---|---|---|---|
| | 阀门 9 | 流量/(L/h) | | 1~2 | 3~7 | 8~10 | 11~14 | 15~19 |
| 1 | 关 | 0 | | | | | | |
| 2 | | 1 | | | | | | |

| 序号 | 操作 | | 测压点 液位/mm | 1~2 | 3~7 | 8~10 | 11~14 | 15~19 |
|---|---|---|---|---|---|---|---|---|
| | 阀门9 | 流量/(L/h) | | | | | | |
| 3 | | 1.2 | | | | | | |
| 4 | | 1.5 | | | | | | |
| 5 | | 2 | | | | | | |
| 6 | | 2.5 | | | | | | |
| 7 | | 3 | | | | | | |
| 8 | | 3.5 | | | | | | |
| 9 | | 4 | | | | | | |
| 10 | | 4.5 | | | | | | |

## 思考题

1. 流动正常后，同一流速下观察1~14液位的变化规律并解释原因。
2. 流动正常后，迅速关闭阀门9，1~14液位呈现什么特点？
3. 不同流速下总结5点处液位变化特点并解释原因。

# 实验三　化工流体流动综合实验

化工流体流动综合实验包含流体流动阻力测定、流量测定与流量计校核，离心泵特性曲线测定三个实验，三个实验均在如图3-7所示的设备上完成。

## 一、实验装置与流程

### 1. 流体流动阻力测量

水泵2将水箱1中的水抽出，送入实验系统，经玻璃转子流量计22、23测量流量，然后送入被测直管段测量流体流动阻力，经回流管流回水箱1。被测直管段流体流动阻力 $\Delta P$ 可根据其数值大小分别采用压力传感器12或空气-水倒置U形管来测量。

### 2. 流量计校核、离心泵特性曲线测定

水泵2将水箱1内的水输送到实验系统，流体经涡轮流量计13计量，用电动流量调节阀20调节流量，回到水箱。同时测量文丘里流量计11两端的压差，离心泵进出口3、4压强、离心泵电机输入功率并记录数据。

## 二、实验设备主要技术参数

实验设备主要技术参数见表3-3。

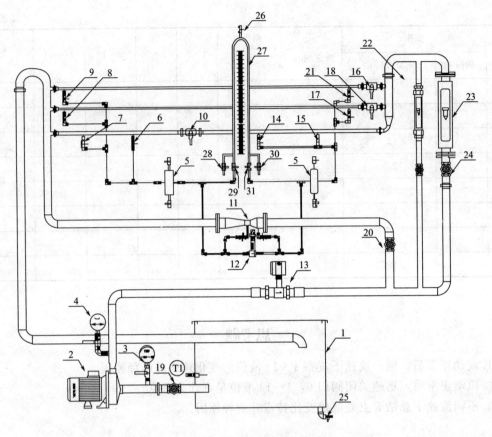

图 3-7 化工流体流动综合实验装置

1—水箱；2—水泵；3—入口真空表；4—出口压力表；5—缓冲罐（两个）；6,14—测局部阻力近端阀；7,15—测局部阻力远端阀；8,17—粗糙管测压阀；9,21—光滑管测压阀；10—局部阻力阀；11—文丘里流量计；12—压力传感器；13—涡轮流量计；16—光滑管阀；18—粗糙管阀；19—泵入口阀；20—泵出口阀；22—小转子流量计；23—大转子流量计；24—大转子流量计调节阀；25—水箱放水阀；26—倒 U 形管放空阀；27—倒 U 形管；28,30—倒 U 形管排水阀；29,31—倒 U 形管平衡阀

表 3-3  实验设备主要技术参数

| 序号 | 名称 | 规格 | 材料 |
|---|---|---|---|
| 1 | 玻璃转子流量计 22,23 | LZB-25　　　100～1000L/h<br>VA10-15F　　10～100L/h | |
| 2 | 入口压力传感器 | −0.1～0MPa | |
| 3 | 出口压力传感器 | 0～0.5MPa | |
| 4 | 压差传感器 | 型号 LXWY　　测量范围 0～200kPa | 不锈钢 |
| 5 | 离心泵 | 型号 WB70/055；管路管径 0.043m | 不锈钢 |
| 6 | 文丘里流量计 | 喉径 0.020m | 不锈钢 |
| 7 | 文丘里流量计管路管径 | 管径 0.043m | 不锈钢 |
| 8 | 真空表 3 | 测量范围−0.1～0MPa　精度 1.5 级，<br>真空表测压位置管内径 $d_1=0.028m$ | 弹簧管 |
| 9 | 压力表 4 | 测量范围 0～0.25MPa　精度 1.5 级，<br>压强表测压位置管内径 $d_2=0.042m$ | 弹簧管 |

| 序号 | 名称 | 规格 | 材料 |
|------|------|------|------|
| 10 | 测压高度差 | 真空表 3 与压强表 4 测压口之间垂直距离 $H_0 = 0.25\text{m}$ | |
| 11 | 涡轮流量计 | 型号 LWY-40,测量范围 $0 \sim 20\text{m}^3/\text{h}$ | |
| 12 | 变频器 | 型号 E310-401-H3,规格 $0 \sim 50\text{Hz}$ | |
| 13 | 光滑管 | 管径 $d = 0.008\text{m}$,管长 $L = 1.70\text{m}$ | 不锈钢 |
| 14 | 粗糙管 | 管径 $d = 0.010\text{m}$,管长 $L = 1.70\text{m}$ | 不锈钢 |
| 15 | 局部阻力管 | 管径 $d = 0.020\text{m}$ | 不锈钢 |

### 三、实验装置面板

实验装置面板如图 3-8 所示。

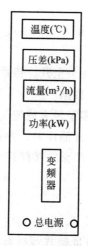

图 3-8　实验装置仪表面板

# I　流量测定与流量计校核

### 一、实验目的

1.熟悉文丘里流量计的构造及应用。

2.掌握流量计校正方法。

### 二、实验内容

1.测量不同流量 $q_V$ 下文丘里流量计上、下游的压强差 $\Delta P$,绘制压强差 $\Delta P$ 和流量 $q_V$ 之间的关系曲线,即流量标定曲线。

2.绘制流量计系数 $C_0$ 与雷诺数 $Re$ 的关系曲线。

### 三、实验原理

流体通过文丘里流量计时在上、下游两取压口之间产生压强差,它与流量的关系为:

$$q_V = C_0 A_0 \sqrt{\frac{2(P_上 - P_下)}{\rho}}$$

式中　$q_V$——被测流体（水）的体积流量，$\mathrm{m}^3/\mathrm{s}$；

　　　$C_0$——流量系数，无量纲；

　　　$A_0$——流量计节流孔截面积，$\mathrm{m}^2$；

$P_上 - P_下$——流量计上、下游两取压口之间的压强差，Pa；

　　　$\rho$——被测流体的密度，$\mathrm{kg/m}^3$（此实验中为水）。

　　用涡轮流量计作为标准流量计来测量流量 $q_V$，每一个流量在压差计上都有一对应的读数，将压差计读数 $\Delta P$ 和流量 $q_V$ 绘制成一条曲线，即流量标定曲线。同时利用上式计算数据可进一步得到 $C_0$-$Re$ 关系曲线。

## 四、实验操作步骤

　　1. 向储水槽内注入蒸馏水。检查流量调节阀 20、压力表 4 的开关及真空表 3 的开关是否关闭（应关闭）。

　　2. 启动离心泵，缓慢打开调节阀 20 至全开。待系统内流体稳定，即系统内已没有气体，打开压力表和真空表的开关，方可测取数据。

　　3. 用阀门 20 调节流量，从流量为零至最大或流量从最大到零，测取 10～15 组数据，同时记录涡轮流量计的流量、文丘里流量计的压差，并记录水温。

　　4. 实验结束后，关闭流量调节阀，停泵，关闭压力表和真空表开关，切断电源。

## 五、实验注意事项

　　1. 仔细阅读数字仪表操作方法说明书，熟悉其使用方法后再进行操作。

　　2. 启动离心泵之前必须检查所有流量调节阀是否关闭。

　　3. 利用压力传感器测量大流量下的 $\Delta P$ 时，应切断空气-水倒置 U 形玻璃管的阀门，否则将影响测量数值的准确。

　　4. 在实验过程中每调节一个流量之后应待流量和直管压降的数据稳定以后方可记录数据。

　　5. 实验用水要用清洁的蒸馏水，以免影响涡轮流量计的运行和寿命。

## 六、实验数据记录与处理示例

　　实验数据记录与处理示例见表 3-4。

**表 3-4　流量计性能测定实验数据记录**

| 参数 | 液体温度 31.8℃ | | 液体密度 $\rho = 994.64\mathrm{kg/m}^3$ | | |
|---|---|---|---|---|---|
| | 文丘里流量计管路：<br>管径 0.043m，喉径 0.020m | | 黏度 $\mu = 0.77\mathrm{mPa \cdot s}$ | | |
| 序号 | 流量 $q_V$/($\mathrm{m}^3$/h) | 文丘里流量计压差/kPa | 流速 $u$/(m/s) | $Re$ | $C_0$ |
| 1 | 11.65 | 69.2 | 2.230 | 123865 | 0.873 |
| 2 | 10.93 | 60.2 | 2.092 | 116200 | 0.879 |

| 参数 | 液体温度 31.8℃ | | 液体密度 $\rho=994.64\text{kg/m}^3$ | | |
| --- | --- | --- | --- | --- | --- |
| | 文丘里流量计管路：<br>管径 0.043m，喉径 0.020m | | 黏度 $\mu=0.77\text{mPa}\cdot\text{s}$ | | |
| 序号 | 流量 $q_V/(\text{m}^3/\text{h})$ | 文丘里流量计压差/kPa | 流速 $u/(\text{m/s})$ | $Re$ | $C_0$ |
| 3 | 9.56 | 46.2 | 1.830 | 101647 | 0.877 |
| 4 | 8.11 | 33.2 | 1.552 | 86210 | 0.878 |
| 5 | 7.18 | 26.2 | 1.374 | 76324 | 0.877 |
| 6 | 5.69 | 16.9 | 1.089 | 60488 | 0.863 |
| 7 | 4.69 | 11.2 | 0.898 | 49878 | 0.877 |
| 8 | 2.96 | 4.7 | 0.566 | 31438 | 0.854 |

**实验数据处理**：以表 3-4 中第 5 组数据为例。

涡轮流量计 $q_V=7.18\text{m}^3/\text{h}$，流量计压差 $\Delta P=26.2\text{kPa}$，实验水温 $t=31.8℃$

黏度 $\mu=0.77\times10^{-3}\text{Pa}\cdot\text{s}$，密度 $\rho=994.64\text{kg/m}^3$

$$u=\frac{7.18}{3600\times\frac{\pi}{4}\times0.043^2}=1.374\ (\text{m/s})$$

$$Re=\frac{du\rho}{\mu}=\frac{0.043\times1.374\times994.64}{0.77\times10^{-3}}=7.63\times10^4$$

$$q_V=C_0A_0\sqrt{\frac{2\Delta P}{\rho}}$$

$$C_0=\frac{q_V}{A_0\sqrt{\frac{2\Delta P}{\rho}}}=\frac{7.18}{3600\times\frac{\pi}{4}\times0.02\times0.02\times\sqrt{\frac{2\times26.2\times1000}{994.64}}}=0.877$$

由表 3-4 中的数据可作流量 $q_V$ 与压差 $\Delta P$ 的关联图，见图 3-9，同时可作 $C_0$ 与雷诺数 $Re$ 的关联图，见图 3-10。

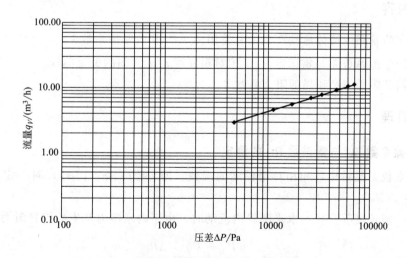

图 3-9　流量计标定流量 $q_V$ 与压差 $\Delta P$ 的关联图

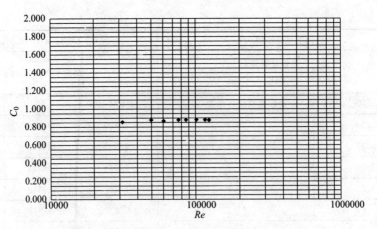

图 3-10　流量计系数 $C_0$ 与雷诺数 $Re$ 的关联图

━━━━━ **思考题** ━━━━━

1. 简单叙述文丘里流量计的工作原理。
2. 启动离心泵前，为何要关闭流量调节阀 20、压力表 4 的开关及真空表 3 的开关？
3. 常见的流量测量仪器有哪些？各自有什么优缺点？

# Ⅱ　流体流动阻力测定

## 一、实验目的

1. 学习直管阻力 $\Delta P_f$、内摩擦系数 $\lambda$ 的测定方法。
2. 掌握内摩擦系数 $\lambda$ 与雷诺数 $Re$、相对粗糙度 $\varepsilon/d$ 之间的关系及变化规律。
3. 掌握局部阻力 $\Delta P_f'$、局部阻力系数 $\xi$ 的测定方法。

## 二、实验内容

1. 测定实验管路内流体流动产生的直管阻力 $\Delta P_f$ 和内摩擦系数 $\lambda$。
2. 测定内摩擦系数 $\lambda$ 与雷诺数 $Re$、相对粗糙度 $\varepsilon/d$ 之间的关系曲线。
3. 测定局部阻力 $\Delta P_f'$ 和局部阻力系数 $\zeta$。

## 三、实验原理

### 1. 内摩擦系数 λ 与雷诺数 Re 的测定

内摩擦系数 $\lambda$ 是雷诺数和相对粗糙度的函数，即 $\lambda = f(Re，\varepsilon/d)$，对一定的相对粗糙度而言，$\lambda = f(Re)$。

流体在一定长度等直径的水平圆管内流动时，由于内摩擦力产生的直管阻力为：

$$h_f = \frac{P_1 - P_2}{\rho} = \frac{\Delta P_f}{\rho}$$

又因为内摩擦系数与阻力损失之间有如下关系（范宁公式）：

$$h_f = \frac{\Delta P_f}{\rho} = \lambda\,\frac{l}{d} \times \frac{u^2}{2}$$

整理上式得：

$$\lambda = \frac{2d}{\rho l} \times \frac{\Delta P_f}{u^2}$$

式中，$h_f$ 为直管阻力，J/kg；$d$ 为管径，m；$\Delta P_f$ 为直管阻力引起的压降，Pa；$l$ 为管长，m；$u$ 为流速，m/s；$\rho$ 为流体的密度，kg/m$^3$。

$$Re = \frac{du\rho}{\mu}$$

式中，$\mu$ 为流体的黏度，Pa·s。

在实验装置中，直管段管长和管径都已固定。若水温一定，则水的密度 $\rho$ 和黏度 $\mu$ 也是定值。所以本实验实质上是测定直管段流体阻力引起的压降 $\Delta P_f$ 与流速 $u$（或流量 $q_V$）之间的关系。根据实验数据可计算出不同流速下的内摩擦系数 $\lambda$ 及对应的 $Re$，整理出内摩擦系数 $\lambda$ 和雷诺数 $Re$ 的关系，绘出 $\lambda$ 与 $Re$ 的关系曲线。

### 2. 局部阻力系数 $\zeta$ 的测定

因为

$$h_f' = \frac{\Delta P_f'}{\rho} = \zeta\,\frac{u^2}{2}$$

所以得

$$\zeta = \frac{2}{\rho} \times \frac{\Delta P_f'}{u^2}$$

式中  $\zeta$——局部阻力系数，无量纲；

　　$\Delta P_f'$——局部阻力引起的压降，Pa；

　　$h_f'$——局部阻力，J/kg；

局部阻力引起的压降 $\Delta P_f'$ 可用下面方法测量：在一条各处直径相等的直管段上，安装待测局部阻力的阀门，在上、下游各开两对测压口 $a$-$a'$ 和 $b$-$b'$，如图 3-11 所示。

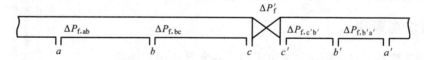

图 3-11　局部阻力测量取压口布置

$ab = bc$；$a'b' = b'c'$，则 $\Delta P_{f,ab} = \Delta P_{f,bc}$，$\Delta P_{f,a'b'} = \Delta P_{f,b'c'}$

在 $a \sim a'$ 之间列伯努利方程式：$P_a - P_{a'} = 2\Delta P_{f,ab} + 2\Delta P_{f,a'b'} + \Delta P_f'$

在 $b \sim b'$ 之间列伯努利方程式：$P_b - P_{b'} = \Delta P_{f,bc} + \Delta P_{f,b'c'} + \Delta P_f' = \Delta P_{f,ab} + \Delta P_{f,a'b'} + \Delta P_f'$

联立两式，则得：$\Delta P_f' = 2(P_b - P_b') - (P_a - P_a')$。

为了实验方便，称 $(P_b - P_b')$ 为近点压差，称 $(P_a - P_a')$ 为远点压差。其数值用差压传感器或 U 形管压差计来测量。

## 四、实验操作步骤

### 1. 光滑管阻力测定

① 关闭粗糙管路阀门 8、17、18，将光滑管路阀门 9、16、21 全开，在流量为零的条件

下，打开通向倒置 U 形管的平衡阀 29、31，检查导压管内是否有气泡存在。若倒置 U 形管内液柱高度差不为零，则表明导压管内存在气泡，需要进行赶气泡操作。导压系统如图 3-12 所示（参见图 3-7），操作方法如下：

将流量调节阀 24 打开并缓慢加大流量，打开倒 U 形管平衡阀 29、31，使倒 U 形管内液体充分流动，以赶走管路内的气泡。若观察气泡已赶净，将流量调节阀 24 关闭，倒 U 形管平衡阀 29、31 关闭，慢慢旋开倒 U 形管上部的放空阀 26 后，分别缓慢打开阀门 28、30，使液柱降至中点上下时马上关闭，管内形成气-水柱，此时管内液柱高度差不一定为零。然后关闭放空阀 26，打开倒 U 形管平衡阀 29、31，此时倒 U 形管两液柱的高度差应为零（1～2mm 的高度差可以忽略），如不为零，则表明管路中仍有气泡存在，需要重复进行赶气泡操作。

② 该装置两个转子流量计并联连接，根据流量大小选择不同量程的流量计。

③ 压力传感器与倒 U 形管也是并联连接，用于测量压差，小流量时用倒 U 形管压差计测量，大流量时用压力传感器测量。应在最大流量和最小流量之间进行实验操作，一般测取 15～20 组数据。

注：在测大流量的压差时应关闭倒 U 形管的平衡阀 29、31，防止水利用 U 形管形成回路，影响实验数据。

**2. 粗糙管阻力测定**

关闭光滑管路上的阀门，将粗糙管路上的阀门全开，从小流量到最大流量，测取 15～20 组数据。

**3. 局部阻力测量方法**

将阀门 10 打到一开度，测量某一流量下的近端压差和远端压差。

**4. 测取水箱水温**

待数据测量完毕，关闭流量调节阀，停泵。

## 五、实验注意事项

1. 仔细阅读数字仪表操作方法说明书，熟悉其使用方法后再进行使用操作。

2. 启动离心泵之前必须检查所有流量调节阀是否关闭。

3. 利用压力传感器测量大流量下 $\Delta P$ 时，应切断空气-水倒置 U 形玻璃管的阀门，否则将影响测量数值的准确。

4. 在实验过程中每调节一个流量之后应待流量和压降的数据稳定以后，方可记录数据。

5. 实验用水要用清洁的蒸馏水，以免影响涡轮流量计的运行和寿命。

## 六、实验数据记录与处理示例

实验数据记录与处理示例见表 3-5～表 3-7。

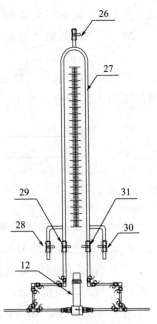

图 3-12　导压系统示意
12—压力传感器；26—倒 U 形管放空阀；27—倒 U 形管；28，30—倒 U 形管排水阀；29，31—倒 U 形管平衡阀

**表 3-5　流体阻力实验数据记录（光滑管）**

| 基本参数 | 时间：　年　月　日 | | | 液体温度:33.4℃ | | | |
| :---: | :---: | :---: | :---: | :---: | :---: | :---: | :---: |
| | 密度 $\rho$:994.2kg/m³ | | | 黏度 $\mu$:0.740mPa·s | | | |
| | 光滑管管长:1.700m | | | 光滑管管径:0.008m | | | |
| 序号 | 流量 $q_V$/(L/h) | 直管压差 $\Delta P$ | | $\Delta P$ | 流速 $u$ | $Re$ | $\lambda$ |
| | | /kPa | /mmH$_2$O | /Pa | /(m/s) | | |
| 1 | 1000 | 85.6 | | 85600 | 5.53 | 59394 | 0.027 |
| 2 | 900 | 70.8 | | 70800 | 4.98 | 53454 | 0.027 |
| 3 | 800 | 57.3 | | 57300 | 4.42 | 47515 | 0.028 |
| 4 | 700 | 44.7 | | 44700 | 3.87 | 41576 | 0.028 |
| 5 | 600 | 35.2 | | 35200 | 3.32 | 35636 | 0.030 |
| 6 | 500 | 25.1 | | 25100 | 2.76 | 29697 | 0.031 |
| 7 | 400 | 17.1 | | 17100 | 2.21 | 23757 | 0.033 |
| 8 | 300 | 10.9 | | 10900 | 1.66 | 17818 | 0.038 |
| 9 | 200 | 5.3 | | 5300 | 1.11 | 11879 | 0.041 |
| 10 | 100 | | 156 | 1521 | 0.55 | 5939 | 0.047 |
| 11 | 90 | | 136 | 1326 | 0.50 | 5345 | 0.051 |
| 12 | 80 | | 106 | 1034 | 0.44 | 4751 | 0.050 |
| 13 | 70 | | 85 | 829 | 0.39 | 4191 | 0.052 |
| 14 | 60 | | 66 | 644 | 0.33 | 3564 | 0.055 |
| 15 | 50 | | 47 | 458 | 0.28 | 2970 | 0.057 |
| 16 | 40 | | 26 | 254 | 0.22 | 2376 | 0.049 |
| 17 | 30 | | 18 | 176 | 0.17 | 1782 | 0.060 |
| 18 | 20 | | 11 | 107 | 0.11 | 1188 | 0.083 |
| 19 | 10 | | 4 | 39 | 0.06 | 594 | 0.121 |

**表 3-6　流体阻力实验数据记录（粗糙管）**

| 参数 | 时间：　年　月　日 | | | 液体温度:33.4℃ | | | |
| :---: | :---: | :---: | :---: | :---: | :---: | :---: | :---: |
| | 密度 $\rho$:994.2kg/m³ | | | 黏度 $\mu$:0.740mPa·s | | | |
| | 粗糙管管长 $L$:1.700m | | | 粗糙管管径 $d$:0.01m | | | |
| 序号 | 流量 $q_V$/(L/h) | 直管压差 $\Delta P$ | | $\Delta P$ | 流速 $u$ | $Re$ | $\lambda$ |
| | | /kPa | /mmH$_2$O | /Pa | /(m/s) | | |
| 1 | 1000 | 141.3 | | 141300 | 3.54 | 47515 | 0.134 |
| 2 | 900 | 119.1 | | 119100 | 3.18 | 42763 | 0.139 |
| 3 | 800 | 92.8 | | 92800 | 2.83 | 38012 | 0.137 |
| 4 | 700 | 70.9 | | 70900 | 2.48 | 33260 | 0.137 |
| 5 | 600 | 53.9 | | 53900 | 2.12 | 28509 | 0.142 |
| 6 | 500 | 39.1 | | 39100 | 1.77 | 23757 | 0.148 |

| 参数 | 时间： 年 月 日 | | | 液体温度:33.4℃ | | | |
|---|---|---|---|---|---|---|---|
| | 密度$\rho$:994.2kg/m³ | | | 黏度$\mu$:0.740mPa·s | | | |
| | 粗糙管管长$L$:1.700m | | | 粗糙管管径$d$:0.01m | | | |
| 序号 | 流量 $q_V$/(L/h) | 直管压差$\Delta P$ | | $\Delta P$ /Pa | 流速$u$ /(m/s) | $Re$ | $\lambda$ |
| | | /kPa | /mmH$_2$O | | | | |
| 7 | 400 | 25.2 | | 25200 | 1.42 | 19006 | 0.149 |
| 8 | 300 | 15.5 | | 15500 | 1.06 | 14254 | 0.163 |
| 9 | 200 | 7.6 | | 7600 | 0.71 | 9503 | 0.180 |
| 10 | 100 | 2.3 | | 2300 | 0.35 | 4751 | 0.217 |
| 11 | 90 | | 236 | 2302 | 0.32 | 4276 | 0.269 |
| 12 | 80 | | 197 | 1921 | 0.28 | 3801 | 0.284 |
| 13 | 70 | | 156 | 1521 | 0.25 | 3326 | 0.293 |
| 14 | 60 | | 120 | 1170 | 0.21 | 2851 | 0.307 |
| 15 | 50 | | 90 | 878 | 0.18 | 2376 | 0.332 |
| 16 | 40 | | 61 | 595 | 0.14 | 1901 | 0.351 |
| 17 | 30 | | 43 | 419 | 0.11 | 1425 | 0.440 |
| 18 | 20 | | 23 | 224 | 0.07 | 950 | 0.530 |
| 19 | 10 | | 10 | 98 | 0.04 | 475 | 0.922 |

表3-7 局部阻力实验数据

| 序号 | 流量$q_V$ /(L/h) | 远端压差 /kPa | 近端压差 /kPa | 流速$u$ /(m/s) | 局部阻力压差 /Pa | 阻力系数$\zeta$ |
|---|---|---|---|---|---|---|
| 1 | 800 | 51.8 | 50.9 | 0.708 | 50000 | 200.6 |
| 2 | 600 | 29.2 | 28.9 | 0.530 | 28600 | 204.8 |

实验数据处理示例：

a. 光滑管小流量（表3-5中数据第13组数据为例）

实验水温 $t=33.4℃$，$\rho=994.2$kg/m³，$q_V=70$L/h，$\Delta P=85$mmH$_2$O，$\mu=0.74\times10^{-3}$Pa·s

管内流速 $u=\dfrac{q_V}{\left(\dfrac{\pi}{4}\right)d^2}=\dfrac{70\times10^{-3}/3600}{(\pi/4)\times0.008^2}=0.39(\text{m/s})$

阻力降 $\Delta P_f=\rho gh=994.2\times9.81\times85/1000=829(\text{Pa})$

雷诺数 $Re=\dfrac{du\rho}{\mu}=\dfrac{0.008\times0.39\times994.2}{0.74\times10^{-3}}=4.19\times10^3$

阻力系数 $\lambda=(2d/\rho L)(\Delta P_f/u^2)=(2\times0.008/994.2\times1.7)\times(829/0.39^2)$
$=5.2\times10^{-2}$

b. 粗糙管、大流量数据（以表 3-6 第 8 组数据为例）

实验水温 $t = 33.4℃$，$\rho = 994.2 kg/m^3$，$q_V = 300 L/h$，$\Delta P = 15.5 kPa$；$\mu = 0.74 \times 10^{-3} Pa \cdot s$

管内流速　　　　　$u = \dfrac{q_V}{\left(\dfrac{\pi}{4}\right)d^2} = \dfrac{300 \times 10^{-3}/3600}{(\pi/4) \times 0.01^2} = 1.06 (m/s)$

阻力降　　　　　　$\Delta P_f = 15.5 \times 1000 = 15500 (Pa)$

雷诺数　　　　　$Re = \dfrac{du\rho}{\mu} = \dfrac{0.01 \times 1.06 \times 994.2}{0.74 \times 10^{-3}} = 1.425 \times 10^4$

阻力系数　　　$\lambda = \dfrac{2d}{\rho L} \times \dfrac{\Delta P_f}{u^2} = \dfrac{2 \times 0.01}{994.2 \times 1.7} \times \dfrac{15500}{1.06^2} = 0.163$

c. 局部阻力实验数据（以表 3-7 第 1 组数据为例）

$q_V = 800 L/h$，近端压差 $= 50.9 kPa$，远端压差 $= 51.8 kPa$

管内流速：　　　$u = \dfrac{q_V}{\left(\dfrac{\pi}{4}\right)d^2} = \dfrac{800 \times 10^{-3}/3600}{(\pi/4) \times 0.02^2} = 0.708 (m/s)$

局部阻力：　　$\Delta P'_f = 2(P_b - P_{b'}) - (P_a - P_{a'}) = (2 \times 50.9 - 51.8) \times 1000 = 50000 (Pa)$

局部阻力系数：　　$\zeta = \dfrac{2}{\rho} \times \dfrac{\Delta P'_f}{u^2} = \left(\dfrac{2}{994.2}\right) \times \dfrac{50000}{0.708^2} = 200.6$

由此可作光滑管和粗糙管的内摩擦系数 $\lambda$ 与雷诺数 $Re$ 的关联图见图 3-13。

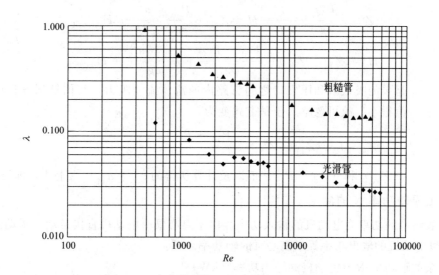

图 3-13　内摩擦系数 $\lambda$ 与雷诺数 $Re$ 的关联图

━━━ **思考题** ━━━

1. 流体阻力包括哪几种形式？它们分别是怎样产生的？

2.光滑管的内摩擦系数与什么有关？粗糙管的内摩擦系数与什么有关？

3.简述实验装置中的导压系统（倒 U 形管压差计）的操作步骤。

# Ⅲ　离心泵特性曲线测定

## 一、实验目的

1.熟悉离心泵的结构与操作方法。

2.掌握离心泵特性曲线的测定方法和表示方法，加深对离心泵性能的了解。

## 二、实验内容

1.熟悉离心泵的结构与操作方法。

2.测定某型号离心泵在一定转速下的特性曲线。

## 三、实验原理

离心泵是最常见的液体输送设备。在一定的型号和转速下，离心泵的扬程 $H$、轴功率 $N$ 及效率 $\eta$ 均随流量 $Q$ 而改变。通常通过实验测出 $H\text{-}Q$、$N\text{-}Q$ 及 $\eta\text{-}Q$ 的关系，通过特定的坐标系绘成一组关系曲线，称为离心泵的特性曲线。离心泵的特性曲线是确定泵的适宜操作条件和选用泵的重要依据。离心泵特性曲线的具体测定方法如下。

### 1.离心泵扬程 H 的测定

在泵的吸入口和排出口之间列伯努利方程：

$$Z_入 + \frac{P_入}{\rho g} + \frac{u_入^2}{2g} + H = Z_出 + \frac{P_出}{\rho g} + \frac{u_入^2}{2g} + H_{f入-出}$$

$$H = (Z_出 - Z_入) + \frac{P_出 - P_入}{\rho g} + \frac{u_出^2 - u_入^2}{2g} + H_{f入-出}$$

式中，$H_{f入-出}$ 是泵的吸入口和压出口之间管路内的流体流动阻力，与伯努利方程中其他项比较，$H_{f入-出}$ 值很小，故可忽略。于是上式变为：

$$H = (Z_出 - Z_入) + \frac{P_出 - P_入}{\rho g} + \frac{u_出^2 - u_入^2}{2g}$$

将测得的 $(Z_出 - Z_入)$ 和 $(P_出 - P_入)$ 值以及计算所得的 $u_入$、$u_出$ 代入上式，即可求得 $H$。

### 2.离心泵轴功率 N 的测定

功率表测得的功率为电动机的输入功率。由于离心泵由电动机直接带动，传动效率可视为 1，所以电动机的输出功率等于离心泵的轴功率。即：

离心泵的轴功率 $N$＝电动机的输出功率（kW）

电动机输出功率＝电动机输入功率×电动机效率（60%）

离心泵的轴功率＝功率表读数×电动机效率（kW）

### 3.离心泵效率 η 测定

$$\eta = \frac{N_e}{N} \qquad N_e = HQ\rho g（\mathrm{W}）$$

式中，$\eta$ 为泵的效率；$N$ 为泵的轴功率，W；$N_e$ 为泵的有效功率，W；$H$ 为泵的扬程，m；$Q$ 为泵的流量，$m^3/s$；$\rho$ 为水的密度，$kg/m^3$。

## 四、实验操作步骤

1. 向储水槽内注入蒸馏水。检查流量调节阀 20，压力表 4 的开关及真空表 3 的开关是否关闭（应关闭）。

2. 启动离心泵，缓慢打开调节阀 20 至全开。待系统内流体稳定，即系统内已没有气体，打开压力表和真空表的开关，方可测取数据。

3. 用阀门 20 调节流量，从流量为零至最大或流量从最大到零，测取 10～15 组数据，同时记录涡轮流量计的流量、泵入口压强、泵出口压强、功率表读数，并记录水温。

4. 实验结束后，关闭流量调节阀，停泵，切断电源。

## 五、实验注意事项

1. 仔细阅读数字仪表操作方法说明书，待熟悉其性能和使用方法后再进行使用操作。

2. 启动离心泵之前必须检查所有流量调节阀是否关闭。

3. 启动离心泵前，必须关闭流量调节阀，关闭压力表和真空表的开关，以免损坏测量仪表。

4. 实验用水要用清洁的蒸馏水，以免影响涡轮流量计运行和寿命。

## 六、实验数据记录与处理示例

实验数据记录与处理示例见表 3-8。由表 3-8 数据可作离心泵特性曲线，见图 3-14。

表 3-8　离心泵性能测定实验数据记录

| 物性 | 液体温度 31.8℃；黏度 $\mu=0.77mPa \cdot s$ 液体密度 $\rho=994.64kg/m^3$ | | | 真空表与压力表的垂直距离：0.25m 离心泵管路管径：0.043m | | | |
|---|---|---|---|---|---|---|---|
| 序号 | 入口压力（真空度） $P_1/MPa$ | 出口压力（表压） $P_2/MPa$ | 电动机功率 /kW | 流量 $Q$ /(m³/h) | 压头 $H$ /m | 泵轴功率 $N$ /W | $\eta$ /% |
| 1 | −0.007 | 0.045 | 0.79 | 11.65 | 5.58 | 474 | 37.167 |
| 2 | −0.006 | 0.06 | 0.8 | 10.93 | 7.01 | 480 | 43.289 |
| 3 | −0.004 | 0.095 | 0.79 | 9.56 | 10.40 | 474 | 56.831 |
| 4 | −0.002 | 0.125 | 0.76 | 8.11 | 13.27 | 456 | 63.947 |
| 5 | 0 | 0.14 | 0.73 | 7.18 | 14.60 | 438 | 64.860 |
| 6 | 0 | 0.16 | 0.68 | 5.69 | 16.65 | 408 | 62.927 |
| 7 | 0 | 0.175 | 0.63 | 4.69 | 18.19 | 378 | 61.154 |
| 8 | 0 | 0.185 | 0.54 | 2.96 | 19.21 | 324 | 47.567 |
| 9 | 0 | 0.22 | 0.41 | 0.08 | 22.80 | 246 | 2.009 |

实验数据处理：以表 3-8 第 1 组数据为例。

涡轮流量计读数：$Q=11.65m^3/h$；功率表读数：0.79kW

离心泵出口压力表：0.045MPa；离心泵入口真空表：−0.007MPa

实验水温 $t=31.8℃$；$\mu=0.77 \times 10^{-3}Pa \cdot s$；$\rho=994.64kg/m^3$

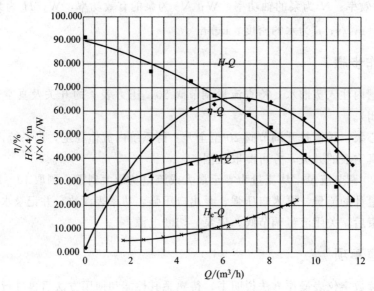

图 3-14  离心泵特性曲线

$$H = (Z_\text{出} - Z_\text{入}) + \frac{P_\text{出} - P_\text{入}}{\rho g} + \frac{u_\text{出}^2 - u_\text{入}^2}{2g}$$

$$H = 0.25 + \frac{(0.045 + 0.007) \times 10^6}{994.64 \times 9.81} = 5.58(\text{m})$$

$$N = 功率表读数 \times 电动机效率 = 0.79 \times 60\% = 0.474(\text{kW}) = 474(\text{W})$$

$$N_\text{e} = HQ\rho g = 5.58 \times 11.65 \times 9.81 \times 994.64/3600 = 176.2(\text{W})$$

$$\eta = \frac{N_\text{e}}{N} = \frac{176.2}{474} = 37.17\%$$

=== 思考题 ===

1. 离心泵的性能参数有哪些？什么是离心泵的特性曲线？
2. 简述离心泵的工作原理。
3. 为什么启动离心泵之前应关闭出口阀门？为什么停泵之前要关闭出口阀门？
4. 解释离心泵扬程 $H$ 的物理意义。

# 实验四  板框恒压过滤常数测定

## 一、实验目的

1. 掌握恒压过滤常数 $K$、$q_\text{e}$、$\theta_\text{e}$ 的测定方法，加深对 $K$、$q_\text{e}$、$\theta_\text{e}$ 的概念和影响因素的理解。

2. 学习滤饼的压缩性指数 $s$ 和物料常数 $k$ 的测定方法。

3. 学习 $\dfrac{\mathrm{d}\theta}{\mathrm{d}q}$-$q$ 关系的实验确定方法。

4. 学习用正交试验法来安排实验，达到最大限度地减小实验工作量的目的。

5. 学习对正交试验法的实验结果进行科学的分析，分析出每个因素重要性的大小，指出试验指标随各因素变化的趋势，了解适宜操作条件的确定方法。

## 二、实验内容

1. 测定不同压力实验条件下的过滤常数 $K$、$q_e$ 及 $\theta_e$。

2. 根据实验测量数据，计算滤饼的压缩性指数 $s$ 和物料特性常数 $k$。

## 三、实验原理

过滤是利用过滤介质进行液-固系统的分离过程，过滤介质通常采用带有许多毛细孔的物质，如帆布、毛毯、多孔陶瓷等。含有固体颗粒的悬浮液在一定压力作用下，液体通过过滤介质，固体颗粒被截留，从而使液固两相分离。

在过滤过程中，由于固体颗粒不断地被截留在介质表面上，滤饼厚度逐渐增加，使得液体流过固体颗粒之间的孔道加长，增加了流体流动阻力。故恒压过滤时，过滤速率是逐渐下降的。随着过滤的进行，若想得到相同的滤液量，则过滤时间要增加。

恒压过滤方程：
$$(q + q_e)^2 = K(\theta + \theta_e)$$

式中　$q$——单位过滤面积获得的滤液体积，$\mathrm{m^3/m^2}$；

$q_e$——单位过滤面积上的虚拟滤液体积，$\mathrm{m^3/m^2}$；

$\theta$——实际过滤时间，s；

$\theta_e$——虚拟过滤时间，s；

$K$——过滤常数，$\mathrm{m^2/s}$。

将恒压过滤方程进行微分可得 $\dfrac{\mathrm{d}\theta}{\mathrm{d}q} = \dfrac{2}{K}q + \dfrac{2}{K}q_e$；标绘 $\dfrac{\mathrm{d}\theta}{\mathrm{d}q}$-$q$ 的关系，可得直线。直线斜率为 $\dfrac{2}{K}$，截距为 $\dfrac{2}{K}q_e$，从而求出 $K$、$q_e$。$\theta_e$ 可由下式求出：

$$q_e^2 = K\theta_e$$

当各数据点的时间间隔不大时，$\dfrac{\mathrm{d}\theta}{\mathrm{d}q}$ 可用增量之比 $\dfrac{\Delta\theta}{\Delta q}$ 来代替。

过滤常数的定义式为：$K = 2k\Delta p^{1-s}$（其中 $k$ 为物料特性常数）

两边取对数得：$\lg K = (1-s)\lg\Delta p + \lg(2k)$

故 $K$ 与 $\Delta p$ 的关系在对数坐标上标绘时应是一条直线，直线的斜率为 $1-s$，由此可得滤饼的压缩性指数 $s$。一般情况下，$s = 0 \sim 1$，对于不可压缩滤饼，$s = 0$。最后可由截距求得物料特性常数 $k$。

## 四、实验装置

实验装置流程示意如图 3-15 所示。

如图 3-15 所示，滤浆槽内配有一定浓度的轻质碳酸钙悬浮液（含量为 $6\% \sim 8\%$），用电动搅拌器进行均匀搅拌（以浆液不出现旋涡为好）。启动旋涡泵，调节阀门 7 使压力表 11 指

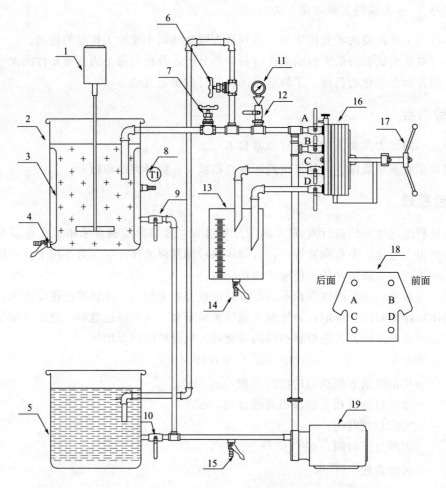

图 3-15　板框过滤实验装置

1—搅拌电机；2—原料罐；3—搅拌挡板；4,14,15—排液阀；5—洗水槽；6,7—调节阀；
8—温度计；9,10,12—阀门；11—压力表；13—滤液计量槽；
16—板框过滤机；17—过滤机压紧装置；18—过滤板；19—旋涡泵

示在规定值。滤液量在计量桶内计量。实验装置中过滤、洗涤管路分布如图 3-16 所示。实验装置控制面板如图 3-17 所示。实验设备主要技术参数见表 3-9。

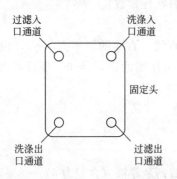

图 3-16　板框过滤机固定头管路分布

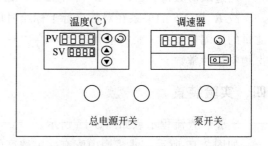

图 3-17　实验装置控制面板示意

表 3-9　实验设备主要技术参数

| 序号 | 名称 | 规格 | 材料 |
|------|------|------|------|
| 1 | 搅拌器 | 型号:KDZ-1 | 不锈钢 |
| 2 | 过滤板 | $160 \times 180 \times 11$(mm) | 不锈钢 |
| 3 | 滤布 | 工业用 | 棉质 |
| 4 | 过滤面积 | $0.0475m^2$ | 塑料缸 |
| 5 | 计量桶 | 长 328mm,宽 288mm | 不锈钢 |

## 五、实验操作步骤

### 1. 实验准备工作

（1）配好滤液浓度（6%～8%），系统接上电源，开启总电源，开启搅拌，使滤液搅拌均匀。

（2）在滤液水槽中加入一定高度液位的水（水位在标尺 50mm 处即可）。

（3）板框过滤机板、框排列顺序为固定头—非洗涤板（●）—框（┇）—洗涤板（┇）—框（┇）—非洗涤板（●）—可动头。用压紧装置压紧后待用。

### 2. 过滤实验

（1）阀门 9、7 全开，其他阀门全部关闭。启动旋涡泵 19，打开阀门 12，利用料液回水阀 7 调节压力，使压力表 11 达到规定值。

（2）待压力表 11 数值稳定后，打开过滤后滤液入口阀 A，随后快速打开过滤机出口阀门 C、D 开始过滤。当计量桶 13 内见到第一滴液体时开始计时，记录滤液每增加高度 10mm 时所用的时间。当计量桶 13 读数为 150mm 时停止计时，并立即关闭滤液入口阀 A。

（3）打开料液回水阀 7 使压力表 11 指示值下降，关闭旋涡泵开关。放出计量桶内的滤液并倒回槽内，以保证滤浆浓度恒定。

### 3. 洗涤实验

（1）洗涤实验时全开阀门 6 和 10，其他阀门全关。调节阀门 6 使压力表 11 达到过滤要求的数值。打开阀门 B，随后快速打开过滤机出口阀门 C 开始洗涤。等到阀门 B 有液体流下时开始计时，洗涤量为过滤量的四分之一。实验结束后，放出计量桶内的滤液到洗水槽 5 内。

（2）开启压紧装置卸下过滤框内的滤饼并放回滤浆槽内，将滤布清洗干净。

（3）改变压力值，从开始重复上述实验。压力分别为 0.05MPa、0.10MPa、0.15MPa。

## 六、实验注意事项

1. 过滤板与过滤框之间的密封垫注意要放正，过滤板与过滤框上面的滤液进出口要对齐。滤板与滤框安装完毕要用摇柄把过滤设备压紧，以免漏液。

2. 计量桶的流液管口应紧贴桶壁，防止液面波动影响读数。

3. 由于电动搅拌器为无级调速，使用时首先接上系统电源，打开调速器开关，调速钮一定由小到大缓慢调节，切勿反方向调节或调节过快，以免损坏电机。

4. 启动搅拌前，用手旋转一下搅拌轴以保证启动顺利。

5. 每次实验结束后将滤饼和滤液全部倒回料浆槽中，保证料液浓度保持不变。

## 七、实验数据记录与处理示例

实验数据记录与处理示例见表 3-10 和表 3-11。

表 3-10 过滤实验数据

| 序号 | 高度 /mm | 累积滤液 $q/(\text{m}^3/\text{m}^2)$ | $\bar{q}$ /(m³/m²) | 0.05MPa | | | 0.10MPa | | | 0.15MPa | | |
|---|---|---|---|---|---|---|---|---|---|---|---|---|
| | | | | 时间 $\theta/\text{s}$ | $\Delta\theta$ /s | $\dfrac{\Delta\theta}{\Delta q}$ | 时间 $\theta/\text{s}$ | $\Delta\theta$ /s | $\dfrac{\Delta\theta}{\Delta q}$ | 时间 $\theta/\text{s}$ | $\Delta\theta$ /s | $\dfrac{\Delta\theta}{\Delta q}$ |
| 1 | 60 | 0.0000 | 0.010 | 0.00 | 13.52 | 679.40 | 0.00 | 10.61 | 533.16 | 0.00 | 8.08 | 406.03 |
| 2 | 70 | 0.0199 | 0.030 | 13.52 | 16.97 | 852.76 | 10.61 | 12.25 | 615.58 | 8.08 | 10.00 | 502.51 |
| 3 | 80 | 0.0398 | 0.050 | 30.49 | 26.56 | 1335.67 | 22.86 | 13.68 | 687.44 | 18.08 | 11.53 | 579.40 |
| 4 | 90 | 0.0597 | 0.070 | 57.05 | 27.35 | 1374.37 | 36.54 | 21.73 | 1091.96 | 29.61 | 13.78 | 692.46 |
| 5 | 100 | 0.0796 | 0.089 | 84.40 | 36.66 | 1842.21 | 58.27 | 22.59 | 1135.17 | 43.39 | 16.44 | 826.13 |
| 6 | 110 | 0.0995 | 0.109 | 121.06 | 33.56 | 1686.43 | 80.86 | 25.31 | 1271.86 | 59.83 | 21.12 | 1061.31 |
| 7 | 120 | 0.1194 | 0.129 | 154.62 | 35.27 | 1772.36 | 106.17 | 28.88 | 1451.26 | 80.95 | 21.41 | 1075.88 |
| 8 | 130 | 0.1393 | 0.149 | 189.89 | 46.37 | 2330.15 | 135.05 | 32.62 | 1640.25 | 102.36 | 22.28 | 1119.60 |
| 9 | 140 | 0.1592 | 0.169 | 236.26 | 49.60 | 2492.46 | 167.67 | 37.38 | 1878.39 | 124.64 | 27.22 | 1367.84 |
| 10 | 150 | 0.1791 | 0.189 | 285.86 | 66.50 | 3341.71 | 205.05 | 45.31 | 2276.88 | 151.86 | 29.81 | 1497.99 |
| 11 | 160 | 0.1990 | | 352.36 | | | 250.36 | | | 181.67 | | |

表 3-11 过滤实验物料常数压缩性指数数据

| 序号 | 斜率 | 截距 | 压差/Pa | $K/(\text{m}^2/\text{s})$ | $q_e/(\text{m}^3/\text{m}^2)$ | $\theta_e/\text{s}$ |
|---|---|---|---|---|---|---|
| 1 | 12641 | 514.8 | 50000 | 0.0001582 | $4.07\times10^{-2}$ | 10.5 |
| 2 | 9302.9 | 333.9 | 100000 | 0.0002150 | $3.59\times10^{-2}$ | 5.99 |
| 3 | 6090.2 | 307.9 | 150000 | 0.0003284 | $5.06\times10^{-2}$ | 7.78 |

物料常数 $k=6\times10^{-8}(\text{m}^2/\text{Pa}\cdot\text{s})$；压缩性指数 $s=0.2433$

数据处理举例：

过滤常数：$K$、$q_e$、$\theta_e$ 的计算举例（以 0.05MPa 为例，第 2 组-第 3 组数据）

已知过滤面积：$A=0.0475\text{m}^2$

$$\Delta V = SH = 0.288\times0.328\times0.01 = 9.446\times10^{-4}(\text{m}^3)$$

$$\Delta q = \Delta V/A = 9.446\times10^{-4}/0.0475 = 0.0199(\text{m}^3/\text{m}^2)$$

$$\Delta\theta = 30.49 - 13.52 = 16.97(\text{s})；\frac{\Delta\theta}{\Delta q} = 16.97/0.0199 = 852.76$$

$$\bar{q} = \frac{q_3 + q_2}{2} = \frac{0.0398 + 0.0199}{2} = 0.030(\text{m}^3/\text{m}^2)$$

从 $\dfrac{\Delta\theta}{\Delta q}$-$\bar{q}$ 关系图上直线得：

斜率：$\frac{2}{K}=12641$，$K=0.158\times10^{-5}$（$\mathrm{m^2/s}$）；截距：$\frac{2}{q}q_e=514.8$；$q_e=0.0407(\mathrm{m^3/m^2})$

$$\theta_e=\frac{q_e^2}{K}=\frac{0.0407^2}{0.158\times10^{-5}}=10.5(\mathrm{s})$$

按以上方法依次计算 $\frac{\Delta\theta}{\Delta q}$-$\bar{q}$ 关系图上直线的过滤常数 $K$，从而求得滤饼的压缩性指数 $s$，最后求出物料特性常数 $k$。绘制曲线如图 3-18 所示。

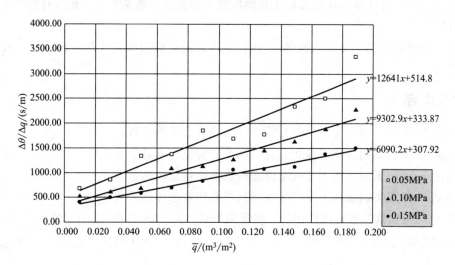

图 3-18　$\frac{\Delta\theta}{\Delta q}$-$\bar{q}$ 曲线

## 思考题

1.启动前，为什么先用手旋转一下搅拌轴？为什么不允许搅拌在高速挡启动？

2.为什么 $q$ 要取平均值 $\bar{q}$？作出 $\frac{\Delta\theta}{\Delta q}$ 与 $\bar{q}$ 的关系线？

3.恒压过滤时，如何保证料浆槽中料液的浓度不变？

4.为什么过滤开始时，滤液常常有浑浊，而过段时间后才变清？

5.实验数据中第一点 $\frac{\Delta\theta}{\Delta q}$ 有无偏低或偏高现象？怎样解释？如何对待第一点数据？

# 实验五　冷空气-热蒸汽传热系数测定

## 一、实验目的

1.通过对冷空气-热蒸汽简单套管换热器的实验研究，掌握对流传热系数 $\alpha_i$ 的测定方法，加深对其概念和影响因素的理解。

2.通过对管程内部插有螺旋线圈的空气-水蒸气强化套管换热器的实验研究，掌握对流传热系数 $\alpha_i$ 的测定方法，加深对其概念和影响因素的理解。

3.学会并应用线性回归分析方法，确定传热管关联式 $Nu = ARe^m Pr^{0.4}$ 中常数 $A$、$m$ 的值，强化管关联式 $Nu_0 = BRe^m Pr^{0.4}$ 中 $B$ 和 $m$ 的值。

4.根据计算出的 $Nu$、$Nu_0$ 求出强化比 $Nu/Nu_0$，比较强化传热的效果，加深理解强化传热的基本理论和基本方式。

5.通过变换列管换热器换热面积实验测取数据计算总传热系数 $k$，加深对其概念和影响因素的理解。

6.认识套管换热器（光滑、强化）、列管换热器的结构及操作方法，测定并比较不同换热器的性能。

## 二、实验内容

1.测定 5～6 组不同流速下简单套管换热器的对流传热系数 $\alpha_i$。

2.测定 5～6 组不同流速下强化套管换热器的对流传热系数 $\alpha_i$。

3.测定 5～6 组不同流速下空气全流通列管换热器总传热系数 $k$。

4.测定 5～6 组不同流速下空气半流通列管换热器总传热系数 $k$。

5.对 $\alpha_i$ 的实验数据进行线性回归，确定关联式 $Nu = ARe^m Pr^{0.4}$ 中常数 $A$、$m$ 的值。

6.通过关联式 $Nu = ARe^m Pr^{0.4}$ 计算出 $Nu$、$Nu_0$，并确定传热强化比 $Nu/Nu_0$。

## 三、实验原理

### 1.普通套管换热器传热系数的测定及特征数关联式的确定

（1）对流传热系数 $\alpha_i$ 的测定　　对流传热系数 $\alpha_i$ 可以根据牛顿冷却定律，通过实验来测定。

由

$$Q_i = \alpha_i S_i \Delta t_m$$

则

$$\alpha_i = \frac{Q_i}{\Delta t_m S_i}$$

式中　$\alpha_i$——管内流体对流传热系数，W/(m$^2$ · ℃)；

$Q_i$——管内传热速率，W；

$S_i$——管内换热面积，m$^2$；

$\Delta t_m$——壁面与主流体间的温度差，℃。

平均温度差由下式确定

$$\Delta t_m = t_w - \bar{t}$$

式中，$\bar{t}$ 为冷流体的入口、出口平均温度，℃；$t_w$ 为壁面平均温度，℃。

因为换热器内管为紫铜管，其热导率很大，且管壁很薄，故认为内壁温度、外壁温度和壁面平均温度近似相等，用 $t_w$ 来表示，由于管外使用蒸汽，所以 $t_w$ 近似等于热流体的平均温度。

管内换热面积：

$$S_i = \pi d_i L_i$$

式中，$d_i$ 为内管管内径，m；$L_i$ 为传热管测量段的实际长度，m；

由热量衡算式：$Q_i = W_i C_{pi}(t_{i2} - t_{i1})$；其中质量流量由下式求得：$W_i = \dfrac{V_i \rho_i}{3600}$

式中 $V_i$——冷流体在套管内的平均体积流量，$m^3/h$；

$C_{pi}$——冷流体的定压比热容，$kJ/(kg \cdot ℃)$；可根据定性温度 $t_m$ 查得；

$\rho_i$——冷流体的密度，$kg/m^3$；可根据定性温度 $t_m$ 查得；

$t_m = \dfrac{t_{i1}+t_{i2}}{2}$ 冷流体进出口平均温度，$t_{i1}$、$t_{i2}$、$t_w$、$V_i$ 采取一定的测量手段得到。

（2）对流传热系数特征数关联式的实验确定　流体在管内作强制湍流，被加热状态，特征数关联式的形式为：

$$Nu_i = ARe_i^m Pr_i^n$$

其中：$Nu_i = \dfrac{\alpha_i d_i}{\lambda_i}$，$Re_i = \dfrac{u_i d_i \rho_i}{\mu_i}$，$Pr_i = \dfrac{C_{pi}\mu_i}{\lambda_i}$

物性数据 $\lambda_i$、$C_{pi}$、$\rho_i$、$\mu_i$ 可根据定性温度 $t_m$ 查得。对于管内被加热的空气 $n = 0.4$，则关联式的形式简化为：

$$Nu_i = ARe_i^m Pr_i^{0.4}$$

通过实验确定不同流量下的 $Re_i$ 与 $Nu_i$，然后用线性回归方法确定 $A$ 和 $m$ 的值。

### 2. 强化套管换热器传热系数、特征数关联式及强化比的测定

强化传热技术，可以使初设计的传热面积减小，从而减小换热器的体积和重量，提高了现有换热器的换热能力，达到强化传热的目的。同时换热器能够在较低温差下工作，减少了换热器工作阻力，以减少动力消耗，更合理有效地利用能源。强化传热的方法有多种，本实验装置采用了多种强化方式。

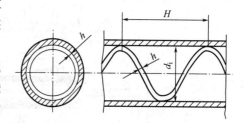

图 3-19　螺旋线圈强化管内部结构

其中螺旋线圈的结构如图 3-19 所示，螺旋线圈由直径 3mm 以下的铜丝和钢丝按一定节距绕成。将金属螺旋线圈插入并固定在管内，即可构成一种强化传热管。在近壁区域，流体一面由于螺旋线圈的作用而发生旋转，一面还周期性地受到线圈的螺旋金属丝的扰动，因而可以使传热强化。由于绕制线圈的金属丝直径很细，流体旋流强度也较弱，所以阻力较小，有利于节省能源。螺旋线圈是以线圈节距 $H$ 与管内径 $d$ 的比值以及管壁粗糙度（$2d/h$）为主要技术参数，且长径比是影响传热效果和阻力系数的重要因素。

科学家通过实验研究总结了形式为 $Nu = ARe^m$ 的经验公式，其中 $A$ 和 $m$ 的值因强化方式不同而不同。在本实验中，确定不同流量下的 $Re_i$ 与 $Nu_i$，用线性回归方法可确定 $B$ 和 $m$ 的值。

单纯研究强化手段的强化效果（不考虑阻力的影响），可以用强化比的概念作为评判准则，它的形式是：$Nu/Nu_0$，其中 $Nu$ 是强化管的努塞尔数，$Nu_0$ 是普通管的努塞尔数，显然，强化比 $Nu/Nu_0 > 1$，而且它的值越大，强化效果越好。需要说明的是，如果评判强化方式的真正效果和经济效益，则必须考虑阻力因素，阻力系数随着换热系数的增加而增加，从而导致换热性能的降低和能耗的增加，只有强化比较高，且阻力系数较小的强化方式，才是最佳的强化方法。

### 3.总传热系数 $K$ 的计算

总传热系数 $K$ 是评价换热器性能的一个重要参数，也是对换热器进行传热计算的依据。对于已有的换热器，可以通过测定有关数据，如设备尺寸、流体的流量和温度等，通过传热速率方程式计算 $K$ 值。

传热速率方程式是换热器传热计算的基本关系。该方程式中，冷、热流体温度差 $\Delta T$ 是传热过程的推动力，它随着传热过程冷热流体的温度变化而改变。

传热速率方程式：
$$Q = K_o S_o \Delta T_m$$

热量衡算式：
$$Q = C_p W (T_2 - T_1)$$

总传热系数：
$$K_o = \frac{C_p W (T_2 - T_1)}{S_o \Delta T_m}$$

式中，$Q$ 为热量，W；$S_o$ 为传热面积，$m^2$；$\Delta T_m$ 为冷热流体的平均温差，℃；$K_o$ 为总传热系数，$W/(m^2 \cdot ℃)$；$C_p$ 为比热容，$J/(kg \cdot ℃)$；$W$ 为空气质量流量，kg/s；$T_2 - T_1$ 为空气进出口温差，℃。

## 四、实验装置

实验流程示意和控制面板分别如图 3-20、图 3-21 所示。实验装置结构参数见表 3-12。

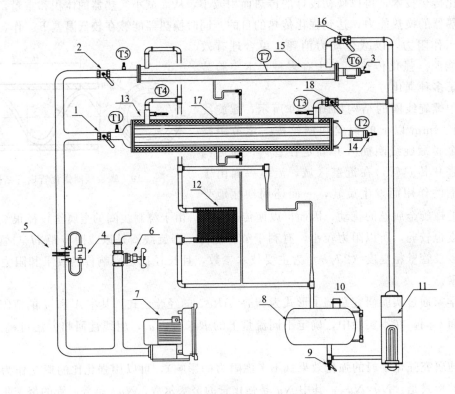

图 3-20　传热实验装置流程示意

1—列管换热器空气进口阀；2—套管换热器空气进口阀；3，14—被加热后的空气出口；4—压力传感器；

5—孔板流量计；6—空气旁路调节阀；7—旋涡气泵；8—储水罐；9—排水阀；10—液位计；

11—蒸汽发生器；12—散热器；13—热蒸汽出口阀；15—套管换热器；16—套管换热器

蒸汽进口阀；17—列管换热器；18—列管换热器蒸汽进口阀

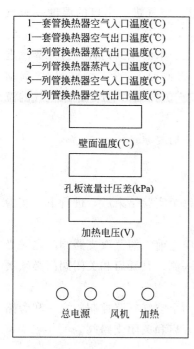

1—套管换热器空气入口温度(℃)
1—套管换热器空气出口温度(℃)
3—列管换热器蒸汽出口温度(℃)
4—列管换热器蒸汽入口温度(℃)
5—列管换热器空气入口温度(℃)
6—列管换热器空气出口温度(℃)

壁面温度(℃)

孔板流量计压差(kPa)

加热电压(V)

总电源　风机　加热

图 3-21　传热过程综合实验面板

**表 3-12　实验装置结构参数**

| 套管换热器实验内管直径/mm | | $\phi 22 \times 1$ |
| --- | --- | --- |
| 测量段(紫铜内管、列管内管)长度 $L/m$ | | 1.20 |
| 强化传热内插物<br>(螺旋线圈)尺寸 | 丝径 $h/mm$ | 1 |
| | 节距 $H/mm$ | 40 |
| 套管换热器实验外管直径/mm | | $\phi 57 \times 3.5$ |
| 列管换热器实验内管直径/mm,根数 | | $\phi 19 \times 1.5, 6$ |
| 列管换热器实验外管直径/mm | | $\phi 89 \times 3.5$ |
| 孔板流量计孔流系数及孔径 | | $C_0 = 0.65, d_0 = 0.017m$ |
| 旋涡气泵 | | XGB-2 型 |

## 五、实验操作步骤

### 1. 实验前的准备及检查工作

(1) 向储水罐 8 中加入蒸馏水至液位计上端处。

(2) 检查空气流量旁路调节阀 6 是否全开。

(3) 检查蒸气管支路各控制阀是否已打开,保证蒸汽和空气管线的畅通。

(4) 接通电源总闸,设定加热电压。

### 2. 光滑套管实验

(1) 准备工作完毕,打开蒸汽进口阀门 16,启动仪表面板加热开关,对蒸汽发生器内的液体进行加热。当所做套管换热器内管壁温升到接近 100℃ 并保持 5min 不变时,打开阀门 2,全开旁路阀 6,启动风机开关。

(2) 用旁路调节阀 6 来调节流量,调好某一流量后稳定 3~5min 后,分别记录空气的流量、空气进、出口的温度及壁面温度。

(3) 改变流量测量下数据。一般从小流量到最大流量之间,要测量 5~6 组数据。

### 3. 强化实验

全部打开空气旁路阀 6,停风机。把强化丝装进套管换热器内并装好。实验方法同步骤 2。

### 4. 列管换热器传热系数的测定实验

(1) 列管换热器冷流体全流通实验:打开蒸汽进口阀门 18,当蒸汽出口温度接近 100℃ 并保持 5min 不变时,打开阀门 1,全开旁路阀 6,启动风机,利用旁路调节阀 6 来调节流量，调好某一流量后稳定 3～5min 后，分别记录空气的流量、空气进、出口的温度及蒸汽的进出口温度。

（2）列管换热器冷流体半流通实验：用准备好的丝堵堵上一半面积的内管，打开蒸汽进口阀 18，当蒸汽出口温度接近 100℃ 并保持 5min 不变时，打开阀门 1，全开旁路阀 6，启动风机，利用旁路调节阀 6 来调节流量，调好某一流量后稳定 3～5min 后，分别记录空气的流量、空气进、出口的温度及蒸汽的进出口温度。

（3）实验结束后，依次关闭加热电源、风机和总电源。一切复原。

## 六、实验注意事项

1. 检查蒸汽加热釜中的水位是否在正常范围内。特别是每个实验结束后，进行下一实验之前，如果发现水位过低，应及时补给水量。

2. 必须保证蒸汽上升管线的畅通。即在给蒸汽加热釜电压之前，两蒸汽支路阀门之一必须全开。在转换支路时，应先开启需要的支路阀，再关闭另一侧，且开启和关闭阀门必须缓慢，防止管线截断或蒸汽压力过大突然喷出。

3. 必须保证空气管线的畅通。即在接通风机电源之前，两个空气支路控制阀之一和旁路调节阀必须全开。在转换支路时，应先关闭风机电源，然后开启和关闭支路阀。

4. 调节流量后，应至少稳定 3～8min 后读取实验数据。

5. 实验中保持上升蒸汽量的稳定，不应改变加热电压。

## 七、实验数据记录及处理示例

实验数据记录及处理示例见表 3-13～表 3-18，实验特征数关联图如图 3-22 所示。

表 3-13  实验装置数据记录及整理（光滑管换热器）

| 序号 | 1 | 2 | 3 | 4 | 5 | 6 |
|---|---|---|---|---|---|---|
| 空气流量压差/kPa | 0.82 | 1.62 | 2.63 | 3.4 | 4.25 | 5.25 |
| 空气入口温度 $t_1$/℃ | 21.4 | 19.1 | 20.3 | 21.9 | 24.6 | 29.2 |
| $\rho_{t1}$/(kg/m³) | 1.20 | 1.21 | 1.21 | 1.20 | 1.19 | 1.18 |
| 空气出口温度 $t_2$/℃ | 61.6 | 58.2 | 57.1 | 57.3 | 58.2 | 60.7 |
| $t_w$/℃ | 99.4 | 99.3 | 99.3 | 99.3 | 99.3 | 99.3 |
| $t_m$/℃ | 41.50 | 38.65 | 38.70 | 39.60 | 41.40 | 44.95 |
| $\rho_{tm}$/(kg/m³) | 1.13 | 1.14 | 1.14 | 1.14 | 1.13 | 1.12 |
| $\lambda_m \times 10^2$/[W/(m·K)] | 2.76 | 2.74 | 2.74 | 2.74 | 2.76 | 2.78 |
| $C_{ptm}$/[J/(kg·K)] | 1005 | 1005 | 1005 | 1005 | 1005 | 1005 |
| $\mu_{tm} \times 10^{-5}$/Pa·s | 1.92 | 1.90 | 1.91 | 1.91 | 1.92 | 1.93 |
| $(t_2-t_1)$/℃ | 40.20 | 39.10 | 36.80 | 35.40 | 33.60 | 31.50 |
| $\Delta t_m$/℃ | 57.90 | 60.65 | 60.60 | 59.70 | 57.90 | 54.35 |
| $V_{t1}$/(m³/h) | 20.22 | 27.46 | 35.05 | 39.94 | 44.83 | 50.15 |
| $V_{tm}$/(m³/h) | 21.60 | 29.30 | 37.25 | 42.34 | 47.36 | 52.77 |
| $u$/(m/s) | 19.11 | 25.91 | 32.93 | 37.44 | 41.87 | 46.66 |
| $q_c$/W | 273.9 | 366 | 438 | 477 | 504 | 521 |
| $\alpha_i$/[W/(m²·℃)] | 62.78 | 80 | 96 | 106 | 115 | 127 |
| $Re$ | 22500 | 31124 | 39557 | 44744 | 49564 | 54173 |
| $Nu$ | 45.49 | 59 | 70 | 77 | 84 | 91 |
| $Nu/Pr^{0.4}$ | 52.59 | 68 | 81 | 89 | 97 | 106 |

表 3-14　实验装置数据记录及整理（强化管换热器）

| 序号 | 1 | 2 | 3 | 4 | 5 | 6 |
|---|---|---|---|---|---|---|
| 空气流量压差/kPa | 0.44 | 0.86 | 1.31 | 1.77 | 2.18 | 2.83 |
| 空气入口温度 $t_1$/℃ | 24 | 21 | 21.2 | 23.3 | 25.7 | 31.5 |
| $\rho_{t1}$/(kg/m³) | 1.19 | 1.20 | 1.20 | 1.20 | 1.19 | 1.17 |
| 空气出口温度 $t_2$/℃ | 85.9 | 83.6 | 82.1 | 81.5 | 81.7 | 82.6 |
| $t_w$/℃ | 99.4 | 99.3 | 99.2 | 99.3 | 99.2 | 99.3 |
| $t_m$/℃ | 54.95 | 52.30 | 51.65 | 52.40 | 53.70 | 57.05 |
| $\rho_{tm}$/(kg/m³) | 1.09 | 1.10 | 1.10 | 1.10 | 1.09 | 1.08 |
| $\lambda_{tm}\times10^2$/[W/(m·K)] | 2.86 | 2.84 | 2.83 | 2.84 | 2.85 | 2.87 |
| $C_{ptm}$/[J/(kg·K)] | 1005 | 1006 | 1007 | 1008 | 1009 | 1010 |
| $\mu_{tm}\times10^{-5}$/Pa·s | 1.98 | 1.97 | 1.97 | 1.97 | 1.97 | 1.99 |
| $(t_2-t_1)$/℃ | 61.90 | 62.60 | 60.90 | 58.20 | 56.00 | 51.10 |
| $\Delta t_m$/℃ | 44.45 | 47.00 | 47.55 | 46.90 | 45.50 | 42.25 |
| $V_{t1}$/(m³/h) | 14.41 | 20.06 | 24.77 | 28.88 | 32.16 | 36.95 |
| $V_{tm}$/(m³/h) | 15.91 | 22.20 | 27.33 | 31.71 | 35.17 | 40.05 |
| $u$/(m/s) | 14.07 | 19.63 | 24.17 | 28.04 | 31.10 | 35.41 |
| $q_c$/W | 299 | 426 | 512 | 567 | 603 | 621 |
| $\alpha_i$/[W/(m²·℃)] | 89 | 120 | 143 | 160 | 176 | 195 |
| $Re$ | 15472 | 21897 | 27057 | 31265 | 34430 | 38491 |
| $Nu$ | 63 | 85 | 101 | 113 | 123 | 136 |
| $Nu/Pr^{0.4}$ | 72 | 98 | 117 | 131 | 143 | 157 |

表 3-15　列管换热器全流通数据记录（一）

| 序号 | 空气流量压差 $\Delta p$/kPa | 空气进口温度 $t_1$/℃ | 空气出口温度 $t_2$/℃ | 蒸汽进口温度 $T_1$/℃ | 蒸汽出口温度 $T_2$/℃ | 体积流量 $V_{t1}$/(m³/h) | 换热器体积流量 $V_m$/(m³/h) | 质量流量 $W_m$/(kg/s) | 空气进出口温差/℃ | 传热量 $Q$/W | 对流传热系数 $K_o$/[W/(m²·s)] |
|---|---|---|---|---|---|---|---|---|---|---|---|
| 1 | 1.21 | 14.3 | 77.3 | 101 | 100.8 | 23.58 | 26.16 | 0.0081 | 63.0 | 515.31 | 24.73 |
| 2 | 2.33 | 15.4 | 76 | 100.9 | 100.8 | 32.76 | 36.21 | 0.0113 | 60.6 | 686.23 | 32.54 |
| 3 | 3.47 | 17.1 | 75.3 | 100.9 | 100.8 | 40.08 | 44.10 | 0.0137 | 58.2 | 801.50 | 38.05 |
| 4 | 4.52 | 18.9 | 75.1 | 100.9 | 100.8 | 45.86 | 50.27 | 0.0156 | 56.2 | 880.15 | 42.19 |
| 5 | 5.52 | 21.2 | 74.8 | 100.9 | 100.8 | 50.84 | 55.47 | 0.0171 | 53.6 | 923.45 | 44.81 |
| 6 | 6.55 | 24 | 75.2 | 100.9 | 100.8 | 55.60 | 60.40 | 0.0186 | 51.2 | 955.68 | 47.66 |
| 7 | 7.6 | 26.8 | 75.8 | 101 | 100.8 | 60.13 | 65.05 | 0.0199 | 49.0 | 979.93 | 50.36 |

表 3-16　列管换热器全流通数据记录（二）

| 序号 | 空气入口密度 $\rho_{t1}$ /(kg/m³) | 进出口平均温度 $t_m$ /℃ | 换热器空气平均密度 /(kg/m³) | $\Delta t_2 - \Delta t_1$ /℃ | $\ln(\Delta t_2/\Delta t_1)$ | $\Delta t_m$ /℃ | $\lambda_{tm} \times 100$ /[W/(m·s)] | $C_{ptm}$ /[kW/(kg·℃)] | $\mu_{tm} \times 10^5$ /Pa·s | 换热面积 /m² | $u$ /(m/s) |
|---|---|---|---|---|---|---|---|---|---|---|---|
| 1 | 1.227 | 45.8 | 1.120 | 62.8 | 1.29 | 48.51 | 2.79 | 1005 | 1.94 | 0.4295 | 4.27 |
| 2 | 1.223 | 45.7 | 1.120 | 60.5 | 1.23 | 49.09 | 2.79 | 1005 | 1.94 | 0.4296 | 5.92 |
| 3 | 1.218 | 46.2 | 1.119 | 58.1 | 1.18 | 49.04 | 2.79 | 1005 | 1.94 | 0.4296 | 7.20 |
| 4 | 1.211 | 47 | 1.116 | 56.1 | 1.16 | 48.57 | 2.80 | 1005 | 1.94 | 0.4296 | 8.21 |
| 5 | 1.204 | 48 | 1.113 | 53.5 | 1.12 | 47.98 | 2.81 | 1005 | 1.95 | 0.4296 | 9.06 |
| 6 | 1.194 | 49.6 | 1.107 | 51.1 | 1.09 | 46.68 | 2.82 | 1005 | 1.96 | 0.4296 | 9.87 |
| 7 | 1.185 | 51.3 | 1.101 | 48.8 | 1.08 | 45.30 | 2.83 | 1005 | 1.96 | 0.4296 | 10.63 |

表 3-17　列管换热器半流通数据记录（一）

| 序号 | 空气流量压差 $\Delta p$ /kPa | 空气进口温度 $t_1$ /℃ | 空气出口温度 $t_2$ /℃ | 蒸汽进口温度 $T_1$ /℃ | 蒸汽出口温度 $T_2$ /℃ | 体积流量 $V_{t1}$ /(m³/h) | 换热器体积流量 $V_m$ /(m³/h) | 质量流量 /(kg/s) | 空气进出口温差 /℃ | 传热量 $Q$ /W | 对流传热系数 $K_o$ /[W/(m²·s)] |
|---|---|---|---|---|---|---|---|---|---|---|---|
| 1 | 1.22 | 11.6 | 70.3 | 101 | 100.8 | 23.58 | 26.0 | 0.0082 | 58.7 | 484.5 | 41.13 |
| 2 | 2.23 | 13.2 | 70.7 | 101 | 100.8 | 31.96 | 35.2 | 0.0111 | 57.5 | 639.6 | 55.18 |
| 3 | 3.2 | 14.8 | 70.3 | 101 | 100.8 | 38.37 | 42.1 | 0.0132 | 55.5 | 737.1 | 63.93 |
| 4 | 4.27 | 16.8 | 70.3 | 101 | 100.8 | 44.44 | 48.5 | 0.0152 | 53.5 | 817.5 | 71.88 |
| 5 | 5.4 | 19.6 | 70.3 | 101 | 100.8 | 50.17 | 54.5 | 0.0170 | 50.7 | 866.5 | 77.70 |
| 6 | 6.32 | 22.7 | 70.8 | 101 | 100.8 | 54.52 | 59.0 | 0.0183 | 48.1 | 884.0 | 81.64 |
| 7 | 7.25 | 25.3 | 71.5 | 101 | 100.8 | 58.61 | 63.1 | 0.0195 | 46.2 | 904.9 | 86.08 |

表 3-18　列管换热器半流通数据记录（二）

| 序号 | 空气入口密度 $\rho_{t1}$ /(kg/m³) | 进出口平均温度 $t_m$ /℃ | 换热器空气平均密度 /(kg/m³) | $\Delta t_2 - \Delta t_1$ /℃ | $\ln(\Delta t_2/\Delta t_1)$ | $\Delta t_m$ /℃ | $\lambda_{tm} \times 100$ /[W/(m·s)] | $C_{ptm}$ /[kW/(kg·℃)] | $\mu_{tm} \times 10^5$ /Pa·s | 换热面积 /m² | $u$ /(m/s) |
|---|---|---|---|---|---|---|---|---|---|---|---|
| 1 | 1.236 | 40.95 | 1.136 | 58.5 | 1.07 | 54.85 | 2.75 | 1005 | 1.92 | 0.2148 | 8.50 |
| 2 | 1.231 | 41.95 | 1.133 | 57.3 | 1.06 | 53.97 | 2.76 | 1005 | 1.92 | 0.2148 | 11.49 |
| 3 | 1.225 | 42.55 | 1.131 | 55.3 | 1.03 | 53.68 | 2.77 | 1005 | 1.92 | 0.2148 | 13.74 |
| 4 | 1.219 | 43.55 | 1.128 | 53.3 | 1.01 | 52.95 | 2.77 | 1005 | 1.93 | 0.2148 | 15.86 |
| 5 | 1.209 | 44.95 | 1.123 | 50.5 | 0.97 | 51.92 | 2.78 | 1005 | 1.93 | 0.2148 | 17.81 |
| 6 | 1.199 | 46.75 | 1.117 | 47.9 | 0.95 | 50.41 | 2.80 | 1005 | 1.94 | 0.2148 | 19.26 |
| 7 | 1.190 | 48.4 | 1.111 | 46 | 0.94 | 48.95 | 2.81 | 1005 | 1.95 | 0.2148 | 20.63 |

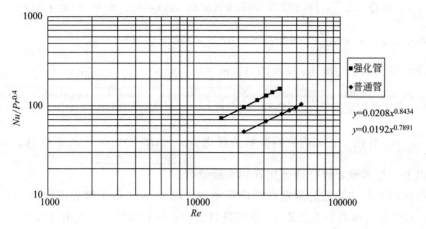

图 3-22　实验特征数关联图

光滑管及强化实验数据计算举例（以表 3-13 第 1 组数据为例）：

空气孔板流量计压差 $\Delta p = 0.82\text{kPa}$，壁面温度 $t_w = 99.4℃$；

进口温度 $t_1 = 21.4℃$，出口温度 $t_2 = 61.6℃$

传热管内径 $d_i(\text{mm})$ 及流通截面积 $F(\text{m}^2)$：

$$d_i = 0.02\text{m}; F = \pi(d_i^2)/4 = 3.14 \times (0.02)^2/4 = 3.14 \times 10^{-4}\text{m}^2$$

传热管有效长度 $L(1.200\text{m})$ 及传热面积

$$S_i = \pi L d_i = 3.14 \times 1.200 \times 0.02 = 0.07536(\text{m}^2)$$

确定传热管测量段上空气平均物性常数：

测量段上空气的定性温度 $t_m(℃)$：为简化计算，取 $t_m$ 值为空气进口温度 $t_1(℃)$ 及出口温度 $t_2(℃)$ 的平均值，即 $t_m = (21.4 + 61.6)/2 = 41.5(℃)$。据此查得：

测量段上空气的平均密度 $\rho = 1.13(\text{kg/m}^3)$；

测量段上空气的平均比热容 $C_p = 1005[\text{J}/(\text{kg} \cdot \text{K})]$；

测量段上空气的平均热导率 $\lambda = 0.0276[\text{W}/(\text{m} \cdot \text{K})]$；

测量段上空气的平均黏度 $\mu = 0.0000192(\text{Pa} \cdot \text{s})$；

传热管测量段上空气的平均普兰特数的 0.4 次方，$Pr^{0.4} = 0.696^{0.4} = 0.865$

空气流过测量段上平均体积 $V(\text{m}^3/\text{h})$ 的计算：

孔板流量计体积流量：

$$V_{t1} = C_0 A_0 \sqrt{\frac{2\Delta p}{\rho_{t1}}} = 0.65 \times 3.14 \times 0.017^2 \times 3600 \times (2 \times 820/1.13)^{1/2}/4 = 20.22(\text{m}^3/\text{h})$$

传热管内平均体积流量：

$$V_{tm} = V_{t1} \times (273 + 41.5)/(273 + 21.4) = 20.22 \times 1.068 = 21.60(\text{m}^3/\text{h})$$

平均流速 $u_m = V_m/(F \times 3600) = 21.60/(0.000314 \times 3600) = 19.11(\text{m/s})$

冷、热流体间的平均温度差 $\Delta t_m(℃)$ 的计算：

测得 $t_w = 99.4(℃)$；$\Delta t_m = t_w - (t_1 + t_2)/2 = 99.4 - 41.5 = 57.9(℃)$

传热速率：

$$Q = \frac{(V_{tm}\rho_{tm}C_{ptm}\Delta t)}{3600} = [21.60 \times 1.13 \times 1005 \times (61.6 - 21.4)]/3600 = 273.9(\text{W})$$

$$\alpha_i = Q/(\Delta t_m s_i) = 273.9/(57.9 \times 0.07536) = 62.78 [\mathrm{W}/(\mathrm{m}^2 \cdot \text{℃})]$$

传热特征数：$Nu_i = \dfrac{\alpha_i d_i}{\lambda_i} = 62.78 \times 0.02/0.0276 = 45.49$

测量段上空气的平均流速：$u = 19.11 (\mathrm{m/s})$

雷诺数：$Re_i = \dfrac{u_i d_i \rho_i}{\mu_i} = 0.02 \times 19.11 \times 1.13/0.0000192 = 2.25 \times 10^4$

以 $\dfrac{Nu}{Pr^{0.4}}$-$Re$ 作图、回归得到特征数关联式 $Nu = ARe^m Pr^{0.4}$ 中的系数 $A$、$m$。

重复以上计算步骤，以处理强化管的实验数据。

列管换热器总传热系数的测定数据计算举例（以表 3-15 第 1 组数据为例）：

空气孔板流量计压差为 1.21kPa；空气进口温度 $t_1 = 14.3$℃；空气出口温度 $t_2 = 77.3$℃；

蒸汽进口温度 101.0℃；蒸汽出口温度 100.8℃；$t_m = (14.3 + 77.3)/2 = 45.8$℃

换热器内换热面积 $S_i = n\pi L_i d_i$。其中：$d = 0.019\mathrm{m}$；$L = 1.2\mathrm{m}$；管程数 $n = 6$ 根。则

$$S_i = 3.14 \times 0.019 \times 1.2 \times 6 = 0.4295 (\mathrm{m}^2)$$

体积流量：$V_{t1} = C_0 A_0 \sqrt{\dfrac{2\Delta p}{\rho_{t1}}}$

其中：$C_0 = 0.65$；$d_0 = 0.017\mathrm{m}$；查表得空气密度：$\rho = 1.227\mathrm{kg/m^3}$

$$V_{t1} = 0.65 \times \frac{\pi}{4} \times 0.017^2 \times \sqrt{\frac{2 \times 1.21 \times 1000}{1.227}} \times 3600 = 23.58 (\mathrm{m^3/h})$$

校正后得：$V_m = V_{t1} \times \dfrac{273 + t_m}{273 + t_1} = 23.58 \times \dfrac{273 + \left(\dfrac{14.3 + 77.3}{2}\right)}{273 + 14.3} = 26.16 (\mathrm{m^3/h})$

查表得 $t_m$ 下的密度 $\rho = 1.12\mathrm{kg/m^3}$；$C_p = 1005\mathrm{J/(kg \cdot K)}$

所以：$W_m = \dfrac{V_m \rho_m}{3600} = 26.16 \times 1.12/3600 = 0.0081 (\mathrm{kg/s})$

根据热量衡算式：

$$Q = C_p W(T_2 - T_1) = 0.0081 \times 1005 \times (77.3 - 14.3) = 512.85 (\mathrm{W})$$

$$\Delta t_1 = T_1 - t_2 = 101.0 - 77.3 = 23.7 (\text{℃})$$

$$\Delta t_2 = T_2 - t_1 = 100.8 - 14.3 = 86.5 (\text{℃})$$

$$\Delta t_m = \frac{\Delta t_1 - \Delta t_2}{\ln\left(\dfrac{\Delta t_1}{\Delta t_2}\right)} = (86.5 - 23.7)/\ln(86.5/23.7) = 48.68 (\text{℃})$$

总传热系数：

$$K_o = Q/(S_o \Delta T_m) = 512.85/(0.4295 \times 48.68) = 24.53 [\mathrm{W}/(\mathrm{m}^2 \cdot \text{℃})]$$

### 思考题

1. 本实验由哪几大装置组成？

2.实验中冷流体和蒸汽的流向对传热效果有何影响？

3.在蒸汽冷凝时，若存在不凝性气体，分析对传热系数的影响。

4.实验中所测得的壁温是接近蒸气侧还是冷流体侧温度？为什么？

5.为什么每次调好流量都要稳定3~5min后才能读取数据？

6.对蒸汽发生器内液体进行加热，为什么要等套管换热器内管壁温升到接近100℃并保持一定时间不变，才可调节空气流量旁路阀的开度？

7.为什么实验结束先关闭加热电源，5min后再关鼓风机？

# 实验六  筛板精馏塔全回流与部分回流

## 一、实验目的

1.了解板式精馏塔的结构和操作。

2.学习精馏塔性能参数的测量方法，并掌握其影响因素。

## 二、实验内容

1.测定精馏塔在全回流条件下，稳定操作后的全塔理论塔板数和总板效率。

2.测定精馏塔在部分回流条件下，稳定操作后全塔理论塔板数和总板效率。

## 三、实验原理

对于二元物系，如已知其汽液平衡数据，则根据精馏塔的原料液组成、进料热状况、操作回流比及塔顶馏出液组成、塔底釜液组成可以求出该塔的理论板数 $N_T$。按照下式可以得到总板效率 $E_T$，其中 $N_P$ 为实际塔板数。

$$E_T = \frac{N_T}{N_P} \times 100\%$$

部分回流时，进料热状况参数：

$$q = \frac{C_{pm}(t_B - t_F) + r_m}{r_m}$$

式中，$t_F$ 为进料温度，℃；$t_B$ 为进料的泡点温度，℃；$C_{pm} = C_{p1}M_1x_1 + C_{p2}M_2x_2$，为进料液体在平均温度 $(t_F + t_B)/2$ 下的比热容，[kJ/(kmol·℃)]；$r_m = r_1M_1x_1 + r_2M_2x_2$，为进料液体在其组成和泡点温度下的汽化潜热，kJ/kmol；$C_{p1}$，$C_{p2}$ 为纯组分1和纯组分2在平均温度下的比热容，kJ/(kg·℃)；$r_1$，$r_2$ 为纯组分1和纯组分2在泡点温度下的汽化潜热，kJ/kg；$M_1$，$M_2$ 为纯组分1和纯组分2的摩尔质量，kJ/kmol；$x_1$，$x_2$ 为纯组分1和纯组分2在进料中的摩尔分率。

## 四、实验装置

精馏塔实验装置结构参数见表3-19，实验设备如图3-23和图3-24所示。

表 3-19　精馏塔结构参数

| 名称 | 直径 /mm | 高度 /mm | 板间距 /mm | 板数 /块 | 板型、孔径 /mm | 降液管 | 材质 |
|---|---|---|---|---|---|---|---|
| 塔体 | $\phi57\times3.5$ | 100 | 100 | 9 | 筛板 2.0 | $\phi8\times1.5$ | 不锈钢 |
| 塔釜 | $\phi100\times2$ | 300 | | | | | 不锈钢 |
| 塔顶冷凝器 | $\phi57\times3.5$ | 300 | | | | | 不锈钢 |
| 塔釜冷凝器 | $\phi57\times3.5$ | 300 | | | | | 不锈钢 |

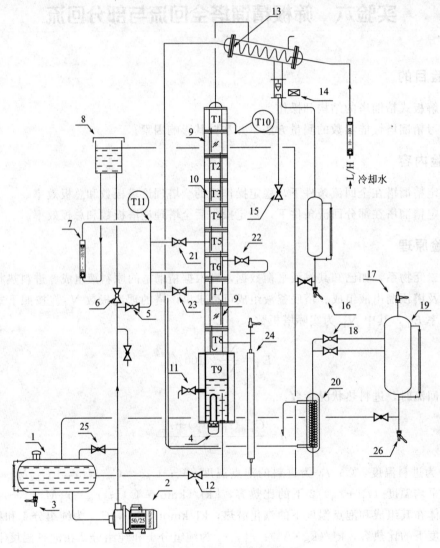

图 3-23　精馏实验装置流程

1—储料罐；2—进料泵；3—放料阀；4—加热器；5—直接进料阀；6—间接进料阀；7—流量计；8—高位槽；
9—玻璃观察段；10—精馏塔；11—塔釜取样阀；12—釜液放空阀；13—塔顶冷凝器；14—回流比控制器；
15—塔顶取样阀；16—塔顶液回收罐；17—放空阀；18—电磁阀；19—塔釜储料罐；20—塔釜冷凝器；
21—第五块板进料阀；22—第六块板进料阀；23—第七块板进料；24—磁翻转液位计；
25—料液循环阀；26—釜残液出料阀

## 五、实验操作步骤

### 1. 实验前检查准备工作

（1）将与阿贝折光仪配套使用的超级恒温水浴调整运行到所需的温度，记录这个温度。将取样用注射器和镜头纸备好。

（2）检查实验装置上的各个旋塞、阀门均应处于关闭状态。

（3）配制一定浓度（乙醇质量浓度为20％左右）的乙醇-正丙醇混合液（总容量15L），倒入储料罐。

（4）打开直接进料阀门和进料泵开关，向精馏釜内加料到指定高度（冷液面在塔釜总高2/3处），而后关闭进料阀门和进料泵。

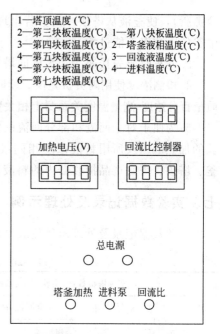

1—塔顶温度（℃）
2—第三块板温度（℃）　1—第八块板温度（℃）
3—第四块板温度（℃）　2—塔釜液相温度（℃）
4—第五块板温度（℃）　3—回流液温度（℃）
5—第六块板温度（℃）　4—进料温度（℃）
6—第七块板温度（℃）

加热电压（V）　　　回流比控制器

总电源

塔釜加热　进料泵　回流比

图 3-24　精馏设备仪表面板

### 2. 全回流操作

（1）打开塔顶冷凝器进水阀门，保证冷却水足量（60L/h 即可）。

（2）记录室温，接通总电源开关（220V）。

（3）调节加热电压约为130V，待塔板上建立液层后再适当加大电压，使塔内维持正常操作。

（4）当各块塔板上鼓泡均匀后，保持加热釜电压不变，在全回流情况下稳定20min左右。期间要随时观察塔内传质情况，直至操作稳定。然后分别在塔顶、塔釜取样口用50mL锥形瓶同时取样，通过阿贝折光仪分析样品浓度。

### 3. 部分回流操作

（1）打开间接进料阀门和进料泵，调节转子流量计，以 2.0～3.0L/h 的流量向塔内加料，用回流比控制调节器调节回流比为 $R = 4$，馏出液收集在塔顶液回收罐中。

（2）塔釜产品经冷却后由溢流管流出，收集在容器内。

（3）待操作稳定后，观察塔板上传质状况，记下加热电压、塔顶温度等有关数据，整个操作中维持进料流量计读数不变，分别在塔顶、塔釜和进料三处取样，用折光仪分析其浓度并记录下进塔原料液的温度。

### 4. 实验结束

（1）记好实验数据并检查无误后可停止实验，此时关闭进料阀门和加热开关，关闭回流比调节器开关。

（2）停止加热后10min再关闭冷却水，一切复原。

（3）根据物系的 $t$-$x$-$y$ 关系，确定部分回流条件下进料的泡点温度，并进行数据处理。

## 六、实验注意事项

1. 由于实验所用物系属易燃物品，所以实验中要特别注意安全，操作过程中避免洒落，以免发生危险。

2. 本实验设备加热功率由仪表自动调节，注意控制加热升温要缓慢，以免发生爆沸（过冷沸腾），使釜液从塔顶冲出。若出现此现象应立即断电，重新操作。升温和正常操作过程中釜的电功率不能过大。

3. 开车时要先接通冷却水再向塔釜供热，停车时操作反之。

4. 检测浓度使用阿贝折光仪。读取折射率时，一定要同时记录测量温度并按给定的折射率-质量百分浓度-测量温度关系测定相关数据（阿贝折光仪使用方法见附录5）。

5. 为便于对全回流和部分回流的实验结果（塔顶产品质量）进行比较，应尽量使两组实验的加热电压及所用料液浓度相同或相近。连续进行实验时，应将前一次实验时留存在塔釜、塔顶、塔底产品接收器内的料液倒回原料液储罐中循环使用。

## 七、实验数据记录及处理示例

实验数据记录及处理示例见表 3-20。

表 3-20 精馏实验原始数据及处理结果

| 项目 | 全回流:$R=\infty$ | | 部分回流:$R=4$,进液量:2L/h,进料温度:30.4℃ | | |
| --- | --- | --- | --- | --- | --- |
| | 塔顶组成 | 塔釜组成 | 塔顶组成 | 塔釜组成 | 进料组成 |
| 折射率 $n$ | 1.3611 | 1.3769 | 1.3637 | 1.3782 | 1.3755 |

实际塔板数:9,实验物系:乙醇($M=46$)－正丙醇($M=60$),折光仪分析温度:30℃

实验数据处理过程举例：

### 1. 全回流：塔顶样品折射率（$n_D=1.3611$）

乙醇质量分率：$W=58.844116-42.61325n_D=58.844116-42.61325\times1.3611=0.843$

摩尔分率：$x_D=\dfrac{(0.843/46)}{(0.843/46)+(1-0.843)/60}=0.875$

塔釜样品折射率 $n_D=1.3769$

乙醇的质量分率：

$$W=58.844116-42.61325n_D=58.844116-42.61325\times1.3769=0.170$$

摩尔分率：$x_W=0.211$

在平衡线和操作线之间图解理论板数为 3.53 块（见图 3-25 全回流平衡线和操作线）

$$全塔效率\ \eta=\frac{N_T}{N_P}=\frac{3.53}{9}=39.22\%$$

### 2. 部分回流（$R=4$）

进料样品折射率及摩尔分率：$n_F=1.3755$；$x_F=0.280$

塔顶样品折射率及摩尔分率：$n_D=1.3637$；$x_D=0.781$

塔釜样品折射率及摩尔分率：$n_W=1.3782$；$x_W=0.144$

进料温度 $t_F=30.4℃$，在 $x_F=0.280$ 下泡点温度 $t_{泡}=9.1389x_F^2-27.861x_F+97.359=90.27(℃)$

乙醇 60.3℃下的比热容 $C_{p1}=3.08[kJ/(kg\cdot℃)]$

正丙醇 60.3℃下的比热容 $C_{p2}=2.89[kJ/(kg\cdot℃)]$

乙醇 90.27℃下的汽化潜热 $r_1=821(kJ/kg)$

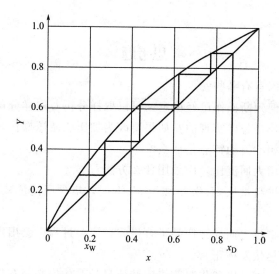

图 3-25　全回流平衡线和操作线

正丙醇 90.27℃下的汽化潜热 $r_2 = 684(kJ/kg)$

混合液体比热容：$C_{pm} = 46 \times 0.280 \times 3.08 + 60 \times (1 - 0.280) \times 2.89 = 164.52[kJ/(kmol \cdot ℃)]$

混合液体汽化潜热：

$$r_{pm} = 46 \times 0.280 \times 821 + 60 \times (1 - 0.280) \times 684 = 40123.28(kJ/kmol)$$

$$q = \frac{C_{pm}(t_B - t_F) + r_m}{r_m} = \frac{164.52 \times (90.27 - 30.4) + 40123.28}{40123.28} = 1.25$$

$$q \text{ 线斜率} = \frac{q}{q-1} = 4.98$$

在平衡线和精馏段操作线、提馏段操作线之间图解得理论塔板数为 5.013 块（见图 3-26 部分回流平衡线和操作线）。

$$\text{全塔效率 } \eta = \frac{N_T}{N_P} = 55.7\%$$

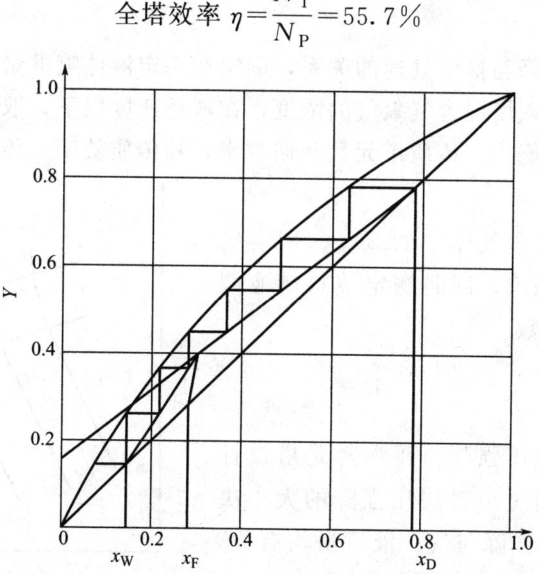

图 3-26　部分回流平衡线和操作线

1.影响塔板效率的因素有哪些？

2.实验过程中，如何判断操作已经稳定，可以取样分析？取样分析时，应注意什么？

3.精馏塔的常压操作是怎样实现的？如果要改为加压或减压操作，怎样实现？

4.板式塔中气液两相的流动特点是什么？

5.操作过程中，欲增大回流比，应采用什么方法？

6.实验过程中，当进料量从 4L/h 增加至 6L/h 时，塔顶回流量减小，出料量也减小了，试分析解释这一现象。

7.若由于塔顶采出率过大而导致产品不合格，在实验过程中会出现什么现象？采取怎样的调节措施才能使操作尽快发挥正常？

8.连续精馏实验中，如果塔釜出料管未安装流量计，如何判断和保持全塔物料平衡？

# 实验七　氧气的吸收与解吸

## 一、实验目的

1.了解填料吸收塔的结构、性能和特点，练习并掌握填料塔操作方法。

2.通过实验测定数据的处理分析，加深对填料塔流体力学性能基本理论及填料塔传质性能理论的理解。

3.掌握填料吸收塔传质能力和传质效率的测定方法。

## 二、实验内容

1.测定填料层压强降与操作气速的关系，确定在一定液体喷淋量下的液泛气速。

2.固定液相流量和入塔混合气氧气的浓度，在液泛速度以下，取两个相差较大的气相流量，分别测量塔的传质能力（传质单元数和回收率）和传质效率（传质单元高度和体积吸收总系数）。

3.进行纯水吸收混合气体中的氧气、用空气解吸水中氧气的操作练习，同时测定填料塔液侧传质膜系数和总传质系数。

## 三、实验原理

气体通过填料层的压强降：压强降是塔设计中的重要参数，气体通过填料层压强降的大小决定了塔的动力消耗。压强降与气、液流量均有关，不同液体喷淋量下填料层的压强降 $\Delta P$ 与气速 $u$ 的关系如图 3-27 所示。

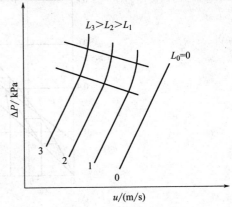

图 3-27　填料层的 $\Delta P$-$u$ 关系

当液体喷淋量 $L_0 = 0$ 时，干填料的 $\Delta P\text{-}u$ 的关系是直线，如图 3-27 中的直线 0。当有一定的喷淋量时，$\Delta P\text{-}u$ 的关系变成折线，并存在两个转折点，下转折点称为"载点"，上转折点称为"泛点"。这两个转折点将 $\Delta P\text{-}u$ 关系分为三个区段。即恒持液量区、载液区及液泛区。

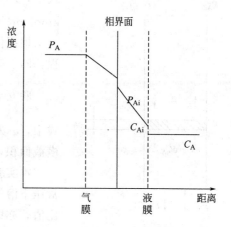

图 3-28　双膜模型的浓度分布

传质性能：吸收系数是决定吸收过程速率高低的重要参数，实验测定可获取吸收系数。对于相同的物系及一定的设备（填料类型与尺寸），吸收系数随着操作条件及气液接触状况的不同而变化。

氧气吸收实验：根据双膜模型的基本假设（见图 3-28），气侧和液侧的吸收质 A 的传质速率方程可分别表达为：

气膜　$G_A = k_g A(p_A - p_{Ai})$；　　液膜　$G_A = k_1 A(C_{Ai} - C_A)$

式中　$G_A$——A 组分的传质速率，kmol/s；

　　　$A$——两相接触面积，$m^2$；

　　　$p_A$——气侧 A 组分的平均分压，Pa；

　　　$p_{Ai}$——相界面上 A 组分的平均分压，Pa；

　　　$C_A$——液侧 A 组分的平均浓度，$kmol/m^3$；

　　　$C_{Ai}$——相界面上 A 组分的浓度，$kmol/m^3$；

　　　$k_g$——以分压表达推动力的气侧传质膜系数，$kmol/(m^2 \cdot s \cdot Pa)$；

　　　$k_1$——以物质的量浓度表达推动力的液侧传质膜系数，m/s。

以气相分压或以液相浓度表示传质过程推动力的相际传质速率方程又可分别表达为：

气相分压：$G_A = K_G A(p_A - p_A^*)$　　液相浓度：$G_A = K_L A(C_A^* - C_A)$

式中　$p_A^*$——液相中 A 组分的实际浓度所要求的气相平衡分压，Pa；

　　　$C_A^*$——气相中 A 组分的实际分压所要求的液相平衡浓度，$kmol/m^3$；

　　　$K_G$——以气相分压表示推动力的总传质系数或简称为气相传质总系数 $kmol/(m^2 \cdot s \cdot Pa)$；

　　　$K_L$——以气相分压表示推动力的总传质系数，或简称为液相传质总系数，m/s。

若气液相平衡关系遵循亨利定律：$C_A = Hp_A$，则：

$$\frac{1}{K_G} = \frac{1}{k_g} + \frac{1}{HK_1} \; ; \quad \frac{1}{K_L} = \frac{H}{k_g} + \frac{1}{k_1}$$

当气膜阻力远大于液膜阻力时，则相际传质过程式受气膜传质速率控制，此时 $K_G = k_g$；反之，当液膜阻力远大于气膜阻力时，则相际传质过程受液膜传质速率控制，此时，$K_L = k_1$。

如图 3-29 所示，在逆流接触的填料层内，任意截取一微分段，并以此为衡算系统，则由吸收质 A 的物料衡算可得：

$$dG_A = \frac{F_L}{\rho_L} dC_A$$

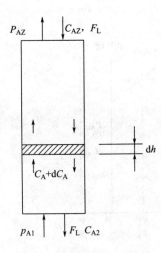

图 3-29　填料塔的物料衡算图

式中，$F_L$ 为液相摩尔流率，kmol/s；$\rho_L$ 为液相摩尔密度，kmol/m$^3$。

根据传质速率基本方程式，该微分段的传质速率微分方程：$dG_A = K_L(C_A^* - C_A)aSdh$

联立上两式可得：$$dh = \frac{F_L}{K_L aS\rho_L} \times \frac{dC_A}{C_A^* - C_A}$$

式中，$a$ 为气液两相接触的比表面积，m$^2$/m；$S$ 为填料塔的横截面积，m$^2$。

本实验采用水吸收混合气体中的氧气，且已知氧气在常温常压下溶解度较小，因此，液相摩尔流率 $F_L$ 和摩尔密度 $\rho_L$ 的比值，亦即液相体积流率 $(V_s)_L$ 可视为定值，且设总传质系数 $K_L$ 和两相接触比表面积 $a$ 在整个填料层内为一定值，则按下列边值条件对其积分，可得填料层高度的计算公式：

$$h = \frac{V_{sL}}{K_L aS}\int_{C_{A2}}^{C_{A1}} \frac{dC_A}{C_A^* - C_A} ;$$ 边界条件：$h=0$；$C_A = C_{A2}$；$h=h$；$C_A = C_{A1}$

令：$H_L = \dfrac{V_{sL}}{K_L aS}$，且称 $H_L$ 为液相传质单元高度（HTU）

$N_L = \displaystyle\int_{C_{A2}}^{C_{A1}} \frac{dC_A}{C_A^* - C_A}$，且称 $N_L$ 为液相传质单元数（NTU）

因此，填料层高度为传质单元高度与传质单元数的乘积，即：$h = H_L N_L$。

若汽液平衡关系遵循亨利定律，即平衡曲线为直线，则填料层的高度可用解析法解得填料层高度的计算式，亦即可采用下列平均推动力法计算填料层的高度或液相传质单元高度：

$$h = \frac{V_{sL}}{K_L aS} \times \frac{C_{A1} - C_{A2}}{\Delta C_{Am}} \quad 或 \quad N_L = \frac{h}{H_L} = \frac{h}{\dfrac{V_{sL}}{K_L aS}}$$

式中，$\Delta C_{Am}$ 为液相平均推动力，即：

$$\Delta C_{Am} = \frac{\Delta C_{A1} - \Delta C_{A2}}{\ln\dfrac{\Delta C_{A1}}{\Delta C_{A2}}} = \frac{(C_{A1}^* - C_{A1}) - (C_{A2}^* - C_{A2})}{\ln\dfrac{C_{A1}^* - C_{A1}}{C_{A2}^* - C_{A2}}}$$

其中：$C_{A1}^* = Hp_{A1} = Hy_1 p_0$，$C_{A2}^* = Hp_{A2} = Hy_2 p_0$；$p_0$ 为大气压。

氧气的溶解度常数：$H = \dfrac{\rho_W}{M_W} \times \dfrac{1}{E}$　kmol/(m$^3$·Pa)

式中　$\rho_W$——水的密度，kg/m$^3$；

　　　$M_W$——水的摩尔质量，kg/kmol；

　　　$E$——氧气在水中的亨利系数，Pa。

因本实验采用的物系不仅遵循亨利定律，而且气膜阻力可以不计，在此情况下，整个传质过程阻力都集中于液膜，即属液膜控制过程，则液侧体积传质膜系数等于液相体积传质总系数，亦即：

$$k_l a = K_L a = \frac{V_{sL}}{hS} \times \frac{C_{A1} - C_{A2}}{\Delta C_{Am}}$$

## 四、实验装置

实验设备主要技术参数见表 3-21。

**表 3-21　填料塔-吸收塔结构参数**

| 名称 | 直径/mm | 高度/mm | 填料 | 附件 |
|------|---------|---------|------|------|
| 填料塔 | 400 | 860 | $\phi 6 \times 10$ 拉西环不锈钢 | 氧气钢瓶 1 个 |
| 吸收塔 | 100 | 700 | $\phi 10 \times 10$ 陶瓷拉西环 | 减压阀 1 个 |
| 温度测量 | | | PT100 铂电阻 | |
| 风机 | | | XGB-12 型旋涡气泵 | |
| 浓度测量 | | | innoLab 10D 型溶氧仪 | |
| $O_2$ 转子流量计 | | | 型号 LZB-4;流量范围 $0.025 \sim 0.25 \text{m}^3/\text{h}$;精度 2.5% | |
| 空气转子流量计 | | | 型号 LZB-40;流量范围 $4 \sim 40 \text{m}^3/\text{h}$;精度 2.5% | |
| 空气孔板流量计 | | | 型号 LZB-15;流量范围 $16 \sim 160 \text{L/h}$;精度 2.5% | |

氧气吸收与解吸实验装置流程见图 3-30，操作面板如图 3-31 所示。

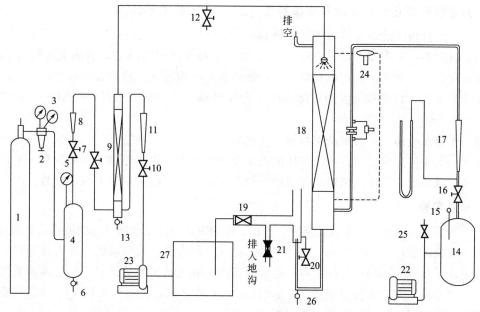

图 3-30　氧气吸收与解吸实验装置流程

1—氧气钢瓶；2—氧减压阀；3,5—氧压力表；4—氧缓冲罐；6,13,21,26—放水阀；7—氧气流量调节阀；8—氧转子流量计；9—吸收塔；10—水流量调节阀；11—水转子流量计；12—富氧水取样阀；14—空气缓冲罐；15—温度计；16—空气流量调节阀；17—空气转子流量计；18—解吸塔；19—回水箱阀；20—贫氧水取样阀；22—风机；23—水泵；24—压差计；25—旁路调节阀；27—水箱实验流程简介：氧气由氧气钢瓶 1 供给，经减压阀 2 进入氧气缓冲罐 4，稳压在 0.03～0.04（MPa），由阀 7 调节氧气流量，并经转子流量计 8 计量，进入吸收塔 9 中，与水并流吸收。水泵 23 从水箱 27 抽水经调节阀 10，由转子流量计 11 计量后进入吸收塔。含富氧水经管道在解吸塔的顶部喷淋。空气由风机 22 供给，经缓冲罐 14，由阀 16 调节流量，经转子流量计 17 计量，通入解吸塔底部解吸富氧水，解吸后的尾气从塔顶排出，贫氧水从塔底经放水阀 21 排出。

为了测量填料层压降，解吸塔装有压差计 24。在解吸塔入口设有入口采出阀 12，用于采集入口水样，出口水样在塔底采出阀 20 取样。

两水样液相氧浓度由 innoLab 10D 型溶氧仪测得。

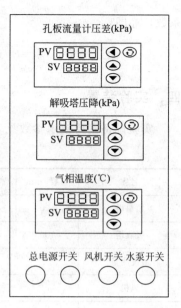

图 3-31　实验设备仪表面板

## 五、实验方法及步骤

### 1. 测量解吸塔干填料层（$\Delta P/z$)-$u$ 的关系曲线

保证塔内填料事先已吹干。先全开空气旁路调节阀 25，启动风机。通过旁通阀 25 和空气流量计控制阀 16，调节进塔的空气流量。空气流量从小到大，稳定后读取填料层压降 $\Delta P$，测取 6～8 组数据。然后在对数坐标纸上以空塔气速 $u$ 为横坐标，以单位高度的压降 $\Delta P/z$ 为纵坐标，标绘出干填料层（$\Delta P/z$)-$u$ 的关系曲线。

### 2. 测量解吸塔在一定喷淋量下填料层（$\Delta P/z$)-$u$ 的关系曲线

（1）先进行预液泛，使填料表面充分润湿。

（2）固定水在某一喷淋量下（80、100、120），打开回水箱阀 19，关闭流出阀门 21。按上述步骤改变空气流量，测定填料塔压降，测取 8～10 组数据。然后在对数坐标纸上以空塔气速 $u$ 为横坐标，以单位高度的压降 $\Delta P/z$ 为纵坐标，标绘出干填料层（$\Delta P/z$)-$u$ 的关系曲线。

（3）改变水喷淋量，再做两组数据，并比较。

注意：实验接近液泛时，进塔气体的增加量不要过大，否则泛点不容易找到。密切观察表面气液接触状况，并注意填料层压降的变化幅度，务必让各参数稳定后再读数。

### 3. 传质实验

（1）熟悉实验流程及溶氧仪的结构、原理、使用方法及注意事项（详细说明请见附录 6）。

（2）水喷淋密度取 10～15$m^3/(m^2 \cdot h)$，将氧气阀打开，氧气减压后进入缓冲罐，氧气转子流量计保持 0.05$m^3/h$ 左右。为防止水倒灌进入氧气转子流量计中，要先通入氧气后通水。启动离心泵，调节水流量至 100L/h，打开出水阀门 21，关闭回水箱阀门 19。当富氧水从解吸塔顶流下时，打开风机调节流量至 10$m^3/h$。

（3）塔顶和塔底液相氧浓度测定：分别从解吸塔塔顶与塔底取出富氧水和贫氧水，注意在每次更换流量的第一次所取样品要倒掉，第二次以后所取的样品方能进行氧含量的测定，并且富氧水与贫氧水同时进行取样。

（4）用溶氧仪分析其氧的含量。同时记录对应的水温。

（5）实验完毕，关闭氧气减压阀，再关闭氧气流量调节阀，关闭其他阀门。检查无误后离开。

## 六、实验注意事项

1. 启动风机前必须确保风机有一路阀门开启，避免风机在出口阀门全部关闭后启动烧坏。

2. 做氧气吸收和解吸时要注意先通氧气后通水，避免水倒回进入缓冲罐内。

3. 实验完成后，先停离心泵，然后关闭氧气转子流量计，关闭气瓶。

## 七、实验数据记录及处理示例

实验数据记录及处理示例见表 3-22～表 3-24。

表 3-22　解吸填料塔干填料时 $\Delta P/z\text{-}u$ 的关系测定

$L=0$　　填料层高度 $z=0.70\text{m}$　　塔径 $D=0.1\text{m}$

| 序号 | 填料层压强降 /kPa | 填料层压强降 /mmH$_2$O | 单位高度填料层压强降 /(mmH$_2$O/m) | 空气转子流量计读数 /(m$^3$/h) | 空塔气速 $u$ /(m/s) |
|---|---|---|---|---|---|
| 1 | 0.1 | 10.2 | 11.9 | 8 | 0.28 |
| 2 | 0.2 | 20.5 | 23.8 | 11 | 0.39 |
| 3 | 0.3 | 30.7 | 35.7 | 15 | 0.53 |
| 4 | 0.4 | 40.9 | 47.6 | 17 | 0.60 |
| 5 | 0.5 | 51.2 | 59.5 | 20 | 0.71 |
| 6 | 0.6 | 61.4 | 71.4 | 22 | 0.78 |
| 7 | 0.7 | 71.6 | 83.3 | 26 | 0.92 |
| 8 | 0.8 | 81.9 | 95.2 | 28 | 0.99 |
| 9 | 0.9 | 92.1 | 107.1 | 30 | 1.06 |
| 10 | 1.0 | 102.4 | 119.0 | 31 | 1.10 |
| 11 | 1.1 | 112.6 | 130.9 | 32 | 1.13 |
| 12 | 1.2 | 122.8 | 142.8 | 34 | 1.20 |

表 3-23　解吸填料塔湿填料时 $\Delta P/z\text{-}u$ 的关系测定

$L=100\text{L/h}$　　填料层高度 $z=0.70\text{m}$　　塔径 $D=0.1\text{m}$

| 序号 | 填料层压强降 /kPa | 填料层压强降 /mmH$_2$O | 单位高度填料层压强降 /(mmH$_2$O/m) | 空气转子流量计读数 /(m$^3$/h) | 空塔气速 $u$ /(m/s) | 操作现象 |
|---|---|---|---|---|---|---|
| 1 | 0.1 | 10.2 | 11.9 | 5.00 | 0.18 | 流动正常 |
| 2 | 0.2 | 20.5 | 23.8 | 7.00 | 0.25 | 流动正常 |
| 3 | 0.5 | 51.2 | 59.5 | 11.00 | 0.39 | 流动正常 |
| 4 | 0.6 | 61.4 | 71.4 | 12.00 | 0.42 | 流动正常 |
| 5 | 0.7 | 71.6 | 83.3 | 14.00 | 0.50 | 流动正常 |
| 6 | 0.9 | 92.1 | 107.1 | 15.00 | 0.53 | 流动正常 |

| | $L=100L/h$ | | 填料层高度 $z=0.70m$ | 塔径 $D=0.1m$ | | |
|---|---|---|---|---|---|---|
| 序号 | 填料层压强降 /kPa | 填料层压强降 /mmH₂O | 单位高度填料层压强降 /(mmH₂O/m) | 空气转子流量计读数 /(m³/h) | 空塔气速 $u$ /(m/s) | 操作现象 |
| 7 | 1.0 | 102.4 | 119.0 | 16.00 | 0.57 | 流动正常 |
| 8 | 1.2 | 122.8 | 142.8 | 17.00 | 0.60 | 流动正常 |
| 9 | 1.4 | 143.3 | 166.6 | 18.00 | 0.64 | 积水 |
| 10 | 2.3 | 235.3 | 273.7 | 19.00 | 0.67 | 液泛 |
| 11 | 2.5 | 255.8 | 297.5 | 20.00 | 0.71 | 液泛 |

表 3-24 填料解吸塔传质实验数据

| 序号 | 性能 | 实验数据 |
|---|---|---|
| 1 | 塔类型 | 解吸塔 |
| 2 | 填料种类 | 拉西环 |
| 3 | 填料尺寸/mm | $10\times10$ |
| 4 | 填料层高度 $z$/m | 0.70 |
| 5 | 空气转子流量计读数/(m³/h) | 15 |
| 6 | 气相温度/℃ | 21 |
| 7 | 液相温度/℃ | 17.5 |
| 8 | $O_2$ 的体积流量/(m³/h) | 0.1 |
| 9 | 水转子流量计读数/(L/h) | 100 |
| 10 | 水流量/(L/h) | 100 |
| 11 | 填料塔压降 $\Delta P$/kPa | 0.55 |
| 12 | 富氧水含氧量 $C_1$/(mg/L) | 36.8 |
| 13 | 贫氧水含氧量 $C_2$/(mg/L) | 12 |
| 14 | $X_1$ 液相进塔的摩尔分率(塔顶) | $2.07\times10^{-6}$ |
| 15 | $X_2$ 液相出塔的摩尔分率(塔底) | $6.75\times10^{-6}$ |
| 16 | $Y_1$ 进塔气相浓度(塔底) | 0.21 |
| 17 | $Y_2$ 出塔气相浓度(塔顶) | 0.21 |
| 18 | 亨利常数 $E\times10^6$/kPa | 3.9 |
| 19 | 相平衡常数 $m$ | 38348 |
| 20 | $X_{e1}$:与 $Y_2$ 平衡的液相摩尔分率 | $5.48\times10^{-6}$ |
| 21 | $X_{e2}$:与 $Y_1$ 平衡的液相摩尔分率 | $5.48\times10^{-6}$ |
| 22 | 填料层体积 $V_p$/m³ | 0.005495 |
| 23 | 塔截面积 $\Omega$/m² | 0.00785 |
| 24 | 解吸液水的流量/(kmol/h) | 5.56 |
| 25 | 对数平均浓度差 $\Delta X_m$ | $5.623\times10^{-6}$ |
| 26 | 总体积传质系数 $K_x a$/[kmol/(m³·h)] | 2508.2 |
| 27 | 以液相为推动力的传质单元高度 $H_{OL}$/m | 0.2824 |

实验数据处理实例：

（1）填料塔流体力学性能测定（以解吸塔干填料实验数据为例进行计算）

转子流量计读数：$8m^3/h$；　　填料层压降 $0.1kPa=10.2mmH_2O$（表 3-22 第 1 组数据）

空塔气速 $u=8/(\pi/4)\times0.1^2\times3600=0.28(m/s)$

单位填料层压降：$\Delta P/z=10.2/0.70=14.57mmH_2O/m$

在对数坐标纸上以空塔气速 $u$ 为横坐标，$\Delta P/z$ 为纵坐标作图，标绘 $\Delta P/z$-$u$ 关系曲线，见图 3-32。

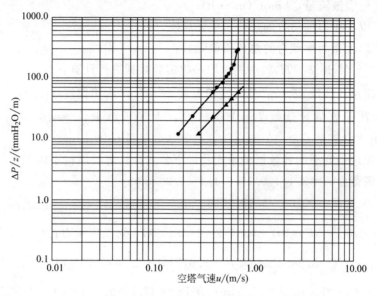

图 3-32　$\Delta P/z$-$u$ 关系曲线

（2）传质实验

本实验是对富氧水进行解吸，如图 3-33 所示。由于富氧水浓度很低，可以认为气液两相平衡关系服从亨利定律，即平衡线为直线，操作线也为直线，因此可以用对数平均浓度差计算填料层传质平均推动力。整理得到相应的传质速率方程为：

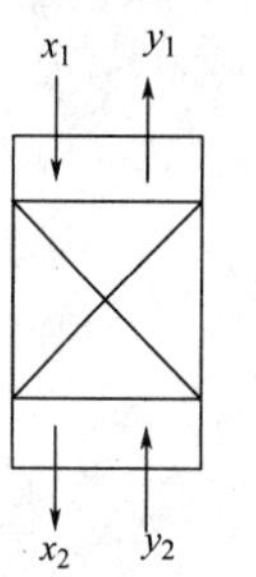

$$G_A=K_xaV_p\Delta X_m，即 K_xa=\frac{G_A}{V_p\Delta X_m}$$

式中　　$\Delta X_m=\dfrac{(X_2-X_{e2})-(X_1-X_{e1})}{\ln\left(\dfrac{X_2-X_{e2}}{X_1-X_{e1}}\right)}$　$G_A=L(X_2-X_1)$，$V_p=z\Omega$

相关填料层高度的基本计算式 $z=\dfrac{L}{K_xa\Omega}\displaystyle\int_{x_2}^{x_1}\dfrac{\mathrm{d}x}{x_e-x}=H_{OL}N_{OL}$，即

$H_{OL}=z/N_{OL}$

其中　　　　$N_{OL}=\displaystyle\int_{x_2}^{x_1}\dfrac{\mathrm{d}x}{x_e-x}=\dfrac{x_1-x_2}{\Delta x_m}$，$H_{OL}=\dfrac{L}{K_xa\Omega}$

式中　$G_A$——单位时间内氧的解吸量，$kmol/(m^2\cdot h)$；

　　$K_xa$——液相体积总传质系数，$kmol/(m^3\cdot h)$；

　　$V_p$——填料层体积，$m^3$；

图 3-33　富氧水解吸实验

$\Delta x_m$——液相对数平均浓度差；

$X_1$——液相进塔时的摩尔比（塔顶）；

$X_{e1}$——与出塔气相 $Y_1$ 平衡的摩尔比（塔顶）；

$X_2$——液相出塔的摩尔分数（塔底）；

$X_{e2}$——与进塔气相 $Y_2$ 平衡的摩尔比（塔底）；

$z$——填料层高度，m；

$\Omega$——塔截面积，$m^2$；

$L$——解吸液流量，$kmol/(m^2 \cdot h)$；

$H_{OL}$——以液相为推动力的总传质单元高度，m；

$N_{OL}$——以液相为推动力的总传质单元数；

传质实验以计算 $K_x a$、$H_{OL}$ 为例：取一组实验数据进行计算：

空气转子流量计读数 $15.0 m^3/h$，气相温度 $21.0℃$，液相温度 $17.5℃$，$O_2$ 的体积流量 $0.10 m^3/h$，水转子流量计读数 $L=100.0 L/h$，大气压力 $P_{大气}=101 kPa$，塔压降 $\Delta P=0.55 kPa$，富氧水含氧量 $C_1=36.8 mg/L$，贫氧水含氧量 $C_2=12 mg/L$。

根据实验原理中列举的各数据关系式及以下公式计算解吸填料层体积：

解吸填料塔截面 $\Omega=3.14 \times 0.1 \times 0.1/4=0.00785 m^2$

$V_p=z\Omega=0.70 \times 0.00785=5.495 \times 10^{-3} m^3$

取 $P=P_{大气}+\dfrac{1}{2}\Delta P=101+0.55/2=101.275 kPa$ 为操作压力；

亨利系数：$E=(-8.5694 \times 10^{-5} t^2+0.07714 t+2.56) \times 10^6 (kPa)$，$t=17.5℃$，则：

$$E=(-8.5694 \times 10^{-5} \times 17.5^2+0.07714 \times 17.5+2.56) \times 10^6=3883706 kPa$$

$$m=E/P, \quad m=3883706/101.275=38348$$

$X_{e1}=X_{e2}=Y/m, Y=0.21(Y=Y_1=Y_2), X_{e1}=X_{e2}=0.21/38350=5.48 \times 10^{-6}$

水的摩尔流量 $L=L \times 10^{-3} \times \rho_t/(M_水)=100 \times 10^{-3} \times 1000/18=5.56 kmol/h$

$$X_1=\frac{C_1 \times 10^{-3}}{M_{O_2}} \bigg/ \frac{\rho_{H_2O}}{M_{H_2O}}=\frac{36.8 \times 10^{-3}}{32} \bigg/ \frac{1000}{18}=2.07 \times 10^{-5}$$

$$X_2=\frac{C_2 \times 10^{-3}}{M_{O_2}} \bigg/ \frac{\rho_{H_2O}}{M_{H_2O}}=\frac{12 \times 10^{-3}}{32} \bigg/ \frac{1000}{18}=6.75 \times 10^{-6}$$

$$\Delta X_m=\frac{(X_1-X_{e1})-(X_2-X_{e2})}{\ln\left(\dfrac{X_1-X_{e1}}{X_2-X_{e2}}\right)}$$

$$=\frac{(2.07 \times 10^{-5}-5.48 \times 10^{-6})-(6.75 \times 10^{-6}-5.48 \times 10^{-6})}{\ln\left(\dfrac{2.07 \times 10^{-5}-5.48 \times 10^{-6}}{6.75 \times 10^{-6}-5.48 \times 10^{-6}}\right)}=5.623 \times 10^{-6}$$

$$G_A=L(X_1-X_2)=5.56 \times (2.07 \times 10^{-5}-6.75 \times 10^{-6})=7.75 \times 10^{-5} kmol/(m^2 \cdot h)$$

$$K_x a=\frac{G_A}{V_p \Delta X_m}=\frac{7.75 \times 10^{-5}}{5.495 \times 10^{-3} \times 5.623 \times 10^{-6}}=2508.2 kmol/(m^3 \cdot h)$$

$$H_{OL} = \frac{L}{K_x a \Omega} = \frac{5.56}{2508.2 \times 7.85 \times 10^{-3}} = 0.2824\text{m}$$

<hr>

**思考题**

1. 实验过程中为什么要先通气后通水，实验完成后先关水后关气？
2. 如何提高体积传质系数 $K_x a$？
3. 干填料与湿填料 $\Delta P/z - u$ 关系有何不同？
4. 通常，填料塔在空塔操作下的气速应如何控制？
5. 当气体温度和液体温度不同时，应用什么温度计算亨利系数？

# 实验八　有机相-水相萃取

## 一、实验目的

1. 直观展示桨叶萃取塔的基本结构以及实现萃取操作的基本流程；观察萃取塔内桨叶在不同转速下，分散相液滴变化的情况和流动状态。
2. 练习并掌握桨叶萃取塔性能的测定方法。

## 二、实验内容

1. 固定两相流量，测定桨叶不同转速下萃取塔的传质单元数 $N_{OH}$、传质单元高度 $H_{OH}$ 及总传质单元系数 $K_{YE}$。
2. 通过实际操作练习，探索强化萃取塔传质效率的方法。

## 三、实验原理

对于液体混合物的分离，除可采用蒸馏方法外，还可采用萃取方法。即在液体混合物（原料液）中加入一种与其基本不相混溶的液体作为溶剂，利用原料液中的各组分在溶剂中溶解度的差异来分离液体混合物，此即液-液萃取，简称萃取。选用的溶剂称为萃取剂，以字母 S 表示，原料液中易溶于 S 的组分称为溶质，以字母 A 表示，原料液中难溶于 S 的组分称为原溶剂或稀释剂，以字母 B 表示。

萃取操作一般是将一定量的萃取剂和原料液同时加入萃取器中，在外力作用下充分混合，溶质通过相界面由原料液向萃取剂中扩散。两液相由于密度差而分层。一层以萃取剂 S 为主，溶有较多溶质，称为萃取相，用字母 E 表示。另一层以原溶剂 B 为主，且含有未被萃取完的溶质，称为萃余相，以 R 表示。萃取操作并未把原料液全部分离，而是将原来的液体混合物分为具有不同溶质组成的萃取相 E 和萃余相 R。通常萃取过程中一个液相为连续相，另一个液相以液滴的形式分散在连续的液相中，称为分散相。液滴表面积即为两相接触的传质面积。

本实验操作中，以水为萃取剂，从煤油中萃取苯甲酸。所以，水相为萃取相（又称为连续相、重相），用字母 E 表示，煤油相为萃余相（又称为分散相、轻相），用字母 R 表示。萃取过程中，苯甲酸部分地从萃余相转移至萃取相。

## 四、实验装置

### 1. 萃取塔实验装置

萃取塔实验装置结构参数如表 3-25 所示，装置结构如图 3-34 和图 3-35 所示

表 3-25　萃取塔实验装置结构参数

| 名称 | 直径/mm | 高度/mm | 有效高度/mm |
|---|---|---|---|
| 萃取塔 | 57 | 1000 | 750 |
| 水泵、油泵 | 磁力泵,电压 380V,扬程 8m | | |
| 转子流量计 | 采用不锈钢材质,型号 LZB-40,流量 1～10L/h,精度 1.5 级 | | |
| 无级调速器 | 调速范围 0～800r/min,调速平稳 | | |

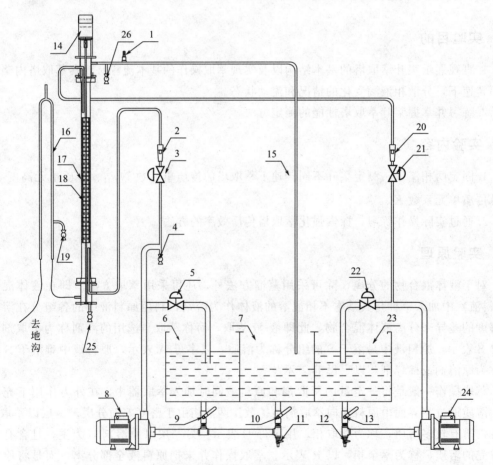

图 3-34　萃取塔实验装置流程示意

1—温度传感器；2—煤油流量计；3—煤油流量调节阀；4—塔底进料取样阀；5—煤油回流阀；6—煤油原料箱；7—煤油回收箱；8—煤油泵；9—煤油原料箱放料阀；10—煤油回收箱放料阀；11—煤油放空阀；12—水箱放空阀；13—水箱放料阀；14—电机；15—回流管；16—π 型管；17—萃取塔；18—桨叶；19—塔底出料取样阀；20—水流量计；21—水流量调节阀；22—水箱回流阀；23—水箱；24—水泵；25—塔底放料阀；26—煤油取样阀

### 2. 实验装置流程简介

本塔为桨叶式旋转萃取塔，塔身采用硬质硼硅酸盐玻璃管，塔顶和塔底玻璃管端扩口处，通过增强酚醛压塑法兰、橡皮圈、橡胶垫片与不锈钢法兰连接，密封性能好。塔内设有 16 个环形隔板，将塔身分为 15 段。相邻两隔板间距 40mm，每段中部位置设有在同轴上安装的由 3 片桨叶组成的搅动装置。搅拌转动轴底端装有轴承，顶端经轴承穿出塔外与安装在塔顶上的电机主轴相连。电动机为直流电动机，通过调压变压器改变电机电

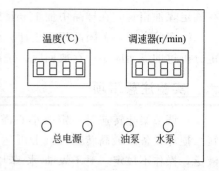

图 3-35　实验设备面板示意

枢电压的方法作无级变速。操作时的转速控制由指示仪表给出相应的电压值来控制。塔下部和上部轻重两相的入口管分别在塔内向上或向下延伸约 200mm，分别形成两个分离段，轻、重两相将在分离段内分离。萃取塔的有效高度 $H$，则为轻相入口管管口到两相界面之间的距离。

本实验以水为萃取剂，从煤油中萃取苯甲酸。水相为萃取相（用字母 E 表示，本实验又称连续相、重相）。煤油相为萃余相（用字母 R 表示，本实验中又称分散相、轻相）。轻相入口处，苯甲酸在煤油中的浓度应保持在 0.0015～0.0020kg 苯甲酸/（kg 煤油）之间为宜。轻相由塔底进入，作为分散相向上流动，经塔顶分离段分离后由塔顶流出；重相由塔顶进入作为连续相向下流动至塔底经 π 形管流出；轻、重两相在塔内呈逆向流动。在萃取过程中，苯甲酸部分地从萃余相转移至萃取相。萃取相及萃余相进出口浓度由容量分析法测定。考虑水与煤油是完全不互溶的，且苯甲酸在两相中的浓度都很低，可认为在萃取过程中两相液体的体积流量不发生变化（苯甲酸-煤油-水平衡数据请参见附录 3）。

## 五、实验操作步骤

1. 将水箱 23 加水至水箱 2/3 处，将配置好的 0.2% 苯甲酸的煤油混合物加入到油箱 6，打开阀门 5，其他阀门处于关闭状态，启动煤油泵 8 将苯甲酸煤油溶液混合均匀。开启阀门 22 后启动水泵 24，使其循环流动。

2. 调节水转子流量计 20，将重相（连续相、水）送入塔内。当塔内水面快上升到重相入口与轻相出口间中点时，将水流量调至指定值（4L/h），并缓慢改变 π 形管高度，使塔内液位稳定在重相入口与轻相出口之间中点左右的位置上。

3. 将调速装置的旋钮调至零位接通电源，开动电机固定转速为 300r/min。调速时要缓慢升速。

4. 将轻相（分散相、煤油）流量调至指定值（约 6L/h），并注意及时调节 π 形管高度。在实验过程中，始终保持塔顶分离段两相的相界面位于重相入口与轻相出口之间中点左右。

5. 操作过程中，要绝对避免塔顶的两相界面过高或过低。若两相界面过高，到达轻相出口的高度，则将会导致重相混入轻相贮罐。

6. 维持操作稳定 30min 后，用锥形瓶收集轻相进、出口样品各约 50mL，重相出口样品约 100mL，准备分析浓度使用。

7. 取样后，改变桨叶转速，其他条件维持不变，进行第二个实验点的测试。

8. 用容量分析法分析样品浓度。具体方法如下：用移液管分别取煤油相 10mL、水相 25mL 样品，以酚酞做指示剂，用 0.01mol/L 左右 NaOH 标准溶液滴定样品中的苯甲酸。

在滴定煤油相时应在样品中加 10mL 纯净水，滴定中激烈摇动至终点。

9.实验完毕，关闭两相流量计。将调速器调至零位，使搅拌轴停止转动，切断电源。滴定分析过的煤油应集中存放回收。洗净分析仪器，一切复原，注意保持实验台面整洁。

## 六、实验注意事项

1.调节桨叶转速时一定要小心谨慎，慢慢升速，千万不能增速过猛，使电机产生"飞转"损坏设备。最高转速机械上可达 800r/min。从流体力学性能考虑，若转速太高，容易液泛，操作不稳定。对于煤油-水-苯甲酸物系，建议在 500r/min 以下操作。

2.整个实验过程中，塔顶两相界面一定要控制在轻相出口和重相入口之间适中位置并保持不变。

3.由于分散相和连续相在塔顶、塔底滞留量很大，改变操作条件后，稳定时间一定要足够长（约 30min），否则误差会比较大。

4.煤油的实际体积流量并不等于流量计指示的读数。需要用到煤油的实际流量数值时，必须用流量修正公式对流量计的读数进行修正后数据才准确。

5.煤油流量不要太小或太大，太小会导致煤油出口的苯甲酸浓度过低，从而导致分析误差加大；太大会使煤油消耗量增加，经济上造成浪费。建议水流量控制在 4L/h 为宜。

## 七、实验数据记录与处理

萃取相传质单元数 $N_{OE}$ 的计算公式为：

$$N_{OE} = \int_{Y_{Et}}^{Y_{Eb}} \frac{dY_E}{(Y_E^* - Y_E)}$$

式中　$Y_{Et}$——苯甲酸进入塔顶的萃取相质量比组成，kg 苯甲酸/kg 水；本实验中 $Y_{Et}=0$；

$Y_{Eb}$——苯甲酸离开塔底萃取相的质量比组成，kg 苯甲酸/kg 水；

$Y_E$——苯甲酸在塔内某一高度处萃取相的质量比组成，kg 苯甲酸/kg 水；

$Y_E^*$——与苯甲酸在塔内某一高度处萃余相组成 $X_R$ 成平衡的萃取相中的质量比组成，kg 苯甲酸/kg 水；

利用 $Y_E$-$X_R$ 图上的分配曲线（平衡曲线）与操作线，可求得 $1/(Y_E^*-Y_E)$-$Y_E$ 关系再进行图解积分，可求得 $N_{OE}$。对于水-煤油-苯甲酸物系，$Y_{Et}$-$X_R$ 图上分配曲线可实验测绘。

### 1. 传质单元数 $N_{OE}$（图解积分法）

（以桨叶 400r/min 为例）

塔底轻相入口浓度 $X_{Rb}$

$$X_{Rb} = \frac{V_{NaOH} N_{NaOH} M_{苯甲酸}}{10 \times 800} = \frac{10.6 \times 0.01076 \times 122}{10 \times 800} = 0.00174 (kg 苯甲酸 /kg 煤油)$$

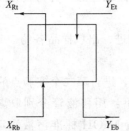

油流量：B(油)　水流量：S(水)

$Y$ 为水浓度　　　$X$ 为油浓度
下标 E 为萃取相　下标 t 为塔顶
下标 R 为萃余相　下标 b 为塔底

塔顶轻相出口浓度 $X_{Rt}$

$$X_{Rt} = \frac{V_{NaOH} N_{NaOH} M_{苯甲酸}}{10 \times 800} = \frac{5.0 \times 0.01076 \times 122}{10 \times 800} = 0.00082 (kg\ 苯甲酸\ /kg\ 煤油)$$

塔顶重相入口浓度 $Y_{Et}$，本实验中使用自来水，故视 $Y_{Et} = 0$

塔底重相出口浓度 $Y_{Eb}$

$$Y_{Eb} = \frac{V_{NaOH} N_{NaOH} M_{苯甲酸}}{25 \times 1000} = \frac{19.1 \times 0.01076 \times 122}{25 \times 1000} = 0.001 (kg\ 苯甲酸\ /kg\ 水)$$

在绘有平衡曲线 $Y_E$-$X_R$ 的图上绘制操作线，因为操作线通过以下两点：

轻入 $X_{Rb} = 0.00174$（kg 苯甲酸/kg 煤油）

重出 $Y_{Eb} = 0.001$（kg 苯甲酸/kg 水）

轻出 $X_{Rt} = 0.00082$（kg 苯甲酸/kg 煤油）

重入 $Y_{Et} = 0$

在 $Y_E$-$X_R$ 图上找出以上两点，连接两点即为操作线。在 $Y_E = Y_{ET} = 0$ 至 $Y_E = Y_{Eb} = 0.001$ 之间，任取一系列 $Y_E$ 值，可在操作线上对应找出一系列的 $X_R$ 值，再在平衡曲线上对应找出一系列的 $Y_E^*$ 值，代入公式计算出一系列的值（见表3-26）。

表 3-26　实验数据表

| $Y_E$ | $X_R$ | $Y_E^*$ | $1/(Y_E^* - Y_E)$ |
|-------|-------|---------|-------------------|
| 0 | 0.00082 | 0.000755 | 1324 |
| 0.0001 | 0.00091 | 0.00081 | 1408 |
| 0.0002 | 0.00100 | 0.000862 | 1511 |
| 0.0003 | 0.00110 | 0.00091 | 1639 |
| 0.0004 | 0.00119 | 0.00096 | 1786 |
| 0.0005 | 0.00128 | 0.000995 | 2020 |
| 0.0006 | 0.00137 | 0.00103 | 2325 |
| 0.0007 | 0.00146 | 0.00107 | 2703 |
| 0.0008 | 0.00156 | 0.00110 | 3333 |
| 0.0009 | 0.00165 | 0.00113 | 4348 |
| 0.001 | 0.00174 | 0.00116 | 6250 |

在直角坐标纸上，以 $Y_E$ 为横坐标，$1/(Y_E^* - Y_E)$ 为纵坐标，将上表中的 $Y_E$ 与 $1/(Y_E^* - Y_E)$ 一系列对应值标绘成曲线（见图3-36）。在 $Y_E = 0$ 至 $Y_E = 0.001$ 之间的曲线以下的面积即为按萃取相计算的传质单元数。

$$N_{OE} = \int_{Y_{Et}}^{Y_{Eb}} \frac{dY_E}{Y_E^* - Y_E} = 2.46$$

**2. 按萃取相计算传质单元高度**

传质单元高度 $H_{OE}$（塔釜轻相入口管到塔顶两相界面之间的距离为0.75m）：

$$H_{OE} = \frac{H}{N_{OE}} = \frac{0.75}{2.46} = 0.31m$$

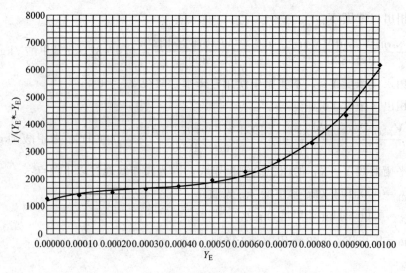

图 3-36　图解积分图

### 3. 按萃取相计算的体积总传质系数（见表 3-27）

$$K_{YE} = \frac{S}{H_{OE}A} = \frac{4}{0.31 \times \left(\frac{\pi}{4}\right) \times 0.057^2} = 5059 \frac{\text{kg 苯甲酸}}{\text{m}^3 \cdot \text{hy} \cdot (\text{kg 苯甲酸 /kg 水})}$$

表 3-27　萃取塔性能测定数据

| 塔型 | 桨叶式搅拌萃取塔 | 萃取塔内径 | | 57mm | |
|---|---|---|---|---|---|
| 溶质 A | 苯甲酸 | 塔有效高度 | | 0.75m | |
| 稀释剂 B | 煤油 | 塔内温度 | | 15℃ | |
| 萃取剂 S | 水 | 连续相 | | 水 | |
| 轻相密度 | 800kg/m³ | 分散相 | | 煤油 | |
| 重相密度 | 1000kg/m³ | 流量计转子密度 $\rho_f$ | | 7900kg/m³ | |
| 实验序号 | | | | 1 | 2 |
| 桨叶转速/(r/min) | | | | 300 | 400 |
| 水转子流量计读数/(L/h) | | | | 4 | 4 |
| 煤油转子流量计读数/(L/h) | | | | 6 | 6 |
| 校正得到的煤油实际流量/(L/h) | | | | 6.804 | 6.804 |
| NaOH 溶液浓度/(mol/L) | | | | 0.01076 | 0.01076 |
| 浓度分析 | 塔底轻相 $X_{Rb}$ | | 样品体积/mL | 10 | 10 |
| | | | NaOH 用量/mL | 10.6 | 10.6 |
| | 塔顶轻相 $X_{Rt}$ | | 样品体积/mL | 10 | 10 |
| | | | NaOH 用量/mL | 7.5 | 5.0 |
| | 塔底重相 $Y_{Bb}$ | | 样品体积/mL | 25 | 25 |
| | | | NaOH 用量/mL | 7.9 | 19.1 |

| 实验序号 | | 1 | 2 |
|---|---|---|---|
| 计算及实验结果 | 塔底轻相浓度 $X_{Rb}$/(kgA/kgB) | 0.00174 | 0.00174 |
| | 塔顶轻相浓度 $X_{Rt}$/(kgA/kgB) | 0.00123 | 0.00082 |
| | 塔底重相浓度 $Y_{Bb}$/(kgA/kgB) | 0.000414 | 0.001 |
| | 水流量 $S$/(kgS/h) | 4 | 4 |
| | 煤油流量 $B$/(kgB/h) | 5.44 | 5.44 |
| | 传质单元数 $N_{OE}$(图解积分) | 0.49 | 2.46 |
| | 传质单元高度 $H_{OE}$ | 1.53 | 0.31 |
| | 体积总传质系数 $K_{YE}$/{kgA/[m³·h·(kgA/kgS)]} | 1025 | 5059 |

## 思考题

1. 萃取实验主要依据的原则是什么？
2. 能够实现萃取的必要条件是什么？
3. 测定原料液、萃取相、萃余相的组成可用哪些方法？
4. 分析转速对萃取效果的影响？

# 实验九　洞道式干燥速率曲线测定

## 一、实验目的

1. 练习并掌握干燥曲线和干燥速率曲线的测定方法。
2. 练习并掌握物料含水量的测定方法。
3. 通过实验加深对物料临界含水量 $X_C$ 概念及其影响因素的理解。
4. 练习并掌握恒速干燥阶段物料与空气之间对流传热系数的测定方法。
5. 学会用误差分析方法对实验结果进行误差估算。

## 二、实验内容

1. 在固定空气流量和空气温度的条件下，测绘某种物料的干燥曲线、干燥速率曲线和该物料的临界含水量。
2. 测定恒速干燥阶段该物料与空气之间的对流传热系数。

## 三、实验原理

当湿物料与干燥介质接触时，物料表面的水分开始汽化，并向周围介质传递。根据介质的传递特点，干燥过程可分为两个阶段。

第一阶段为恒速干燥阶段。干燥过程开始时，由于整个物料湿含量较大，其物料内部水分能迅速到达物料表面。此时干燥速率由物料表面水分的汽化速率所控制，故此阶段称为表面汽化控制阶段。这个阶段中，干燥介质传给物料的热量全部用于水分的汽化，物料表面温度维持恒定（等于热空气湿球温度），物料表面的水蒸气分压也维持恒定，干燥速率恒定不变，故称为恒速干燥阶段。

第二阶段为降速干燥阶段。当物料干燥，其水分达到临界湿含量后，便进入降速干燥阶段。此时物料中所含水分较少，水分自物料内部向表面传递的速率低于物料表面水分的汽化速率，干燥速率由水分在物料内部的传递速率所控制，称为内部迁移控制阶段。随着物料湿含量逐渐减少，物料内部水分的迁移速率逐渐降低，干燥速率不断下降，故称为降速干燥阶段。

恒速段干燥速率和临界含水量的影响因素主要有：固体物料的种类和性质、固体物料层的厚度或颗粒大小、空气的温度、湿度和流速以及空气与固体物料间的相对运动方式等。

恒速段干燥速率和临界含水量是干燥过程研究和干燥器设计的重要数据。本实验在恒定干燥条件下对帆布物料进行干燥，测绘干燥曲线和干燥速率曲线，目的是掌握恒速段干燥速率和临界含水量的测定方法及其影响因素。

### 1. 干燥速率测定

$$U = \frac{\mathrm{d}W'}{S\mathrm{d}\tau} \approx \frac{\Delta W'}{S\Delta\tau}$$

式中　$U$——干燥速率，kg 水/(m$^2$·s)；

　　　$S$——干燥面积，m$^2$（实验室现场提供）；

　　　$\Delta\tau$——时间间隔，s；

　　　$\Delta W'$——$\Delta\tau$ 时间间隔内干燥汽化的水分量，kg。

### 2. 物料干基含水量

物料干基含水量 $X = \dfrac{G' - G'_C}{G'_C}$ kg 水/kg 绝干物料；

式中　$G'$——固体湿物料的量，kg；

　　　$G'_C$——绝干物料量，kg；

### 3. 恒速干燥阶段对流传热系数的测定

$$U_C = \frac{\mathrm{d}W'}{S\mathrm{d}\tau} = \frac{\mathrm{d}Q'}{r_{tw}S\mathrm{d}\tau} = \frac{\alpha(t - t_w)}{r_{tw}}, \qquad \alpha = \frac{U_C r_{tw}}{t - t_w}$$

式中　$\alpha$——恒速干燥阶段物料表面与空气之间的对流传热系数，W/(m$^2$·℃)；

　　　$U_C$——恒速干燥阶段的干燥速率，kg 水/(m$^2$·s)；

　　　$t_w$——干燥器内空气的湿球温度，℃；

　　　$t$——干燥器内空气的干球温度，℃；

　　　$r_{tw}$——$t_w$℃下水的汽化热，J/kg。

### 4. 干燥器内空气实际体积流量的计算

由节流式流量计的流量公式和理想气体的状态方程式可推导出：

$$V_t = V_{t0} \times \frac{273 + t}{273 + t_0}$$

式中　$V_t$——干燥器内空气实际流量，m$^3$/s；

$t_0$——流量计处空气的温度，℃；

$V_{t0}$——常压下 $t_0$ ℃时空气的流量，$m^3/s$；

$t$——干燥器内空气的温度，℃；

$$V_{t0} = C_0 A_0 \sqrt{\frac{2\Delta P}{\rho}} \ ; \ A_0 = \frac{\pi}{4}d_0^2$$

式中　$C_0$——流量计流量系数，$C_0 = 0.65$；

　　　$d_0$——节流孔开孔直径，$d_0 = 0.040m$；

　　　$A_0$——节流孔开孔面积，$m^2$；

　　　$\Delta P$——节流孔上、下游两侧压力差，Pa；

　　　$\rho$——孔板流量计处 $t_0$ 时空气的密度，$kg/m^3$。

## 四、实验装置

洞道式干燥器实验装置基本情况见表3-28，结构示意图如图3-37和图3-38所示。

**表3-28　干燥实验装置结构参数**

| 名称 | 长/mm | 宽/mm | 高度/mm |
|---|---|---|---|
| 洞道尺寸 | 1160 | 190 | 240 |
| 加热功率 | 500~1500W | | |
| 空气流量 | 1~5m³/min | | |
| 干燥温度 | 40~120℃ | | |
| 重量显示仪 | 重量传感器量程(0~200g) | | |
| 温度计显示仪 | 干球温度计、湿球温度计显示仪量程(0~150℃) | | |
| | 孔板流量计处显示仪量程(0~100℃) | | |
| 压差显示仪 | 孔板流量计压差变送器和显示仪量程(0~10kPa) | | |

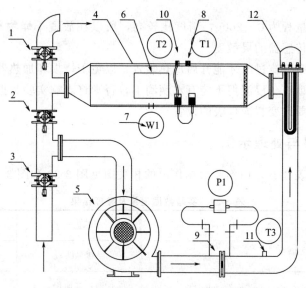

图 3-37　洞道式干燥器实验装置流程示意图

1—废气排出阀；2—废气循环阀；3—空气进气阀；4—洞道干燥器；5—风机；6—干燥物料；7—重量
传感器；8—干球温度计；9—孔板流量计；10—湿球温度计；11—空气进口温度计；12—加热器

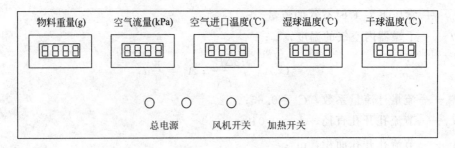

图 3-38　洞道式干燥器实验装置面板

## 五、实验操作步骤

1.将干燥物料（帆布）放入水中浸湿，将放湿球温度计纱布的烧杯装满水。

2.调节送风机吸入口的蝶阀 3 到全开的位置后启动风机。

3.通过废气排出阀 1 和废气循环阀 2 调节空气到指定流量后，开启加热电源。在智能仪表中设定干球温度，仪表自动调节到指定的温度。

4.在空气温度、流量稳定的条件下，读取重量传感器测定支架的重量并记录下来。

5.把充分浸湿的干燥物料（帆布）固定在重量传感器 7 上并与气流平行放置。

6.在系统稳定状况下，记录干燥时间每隔 3 分钟时干燥物料减轻的质量，直至干燥物料的质量不再明显减轻为止。

7.改变空气流量和空气温度，重复上述实验步骤并记录相关数据。

8.实验结束时，先关闭加热电源，待干球温度降至常温后关闭风机电源和总电源，复原。

## 六、实验注意事项

1.质量传感器的量程为 0～200g，精度比较高，所以在放置干燥物料时务必轻拿轻放，以免损坏或降低质量传感器的灵敏度。

2.当干燥器内有空气流过时才能开启加热装置，以免干烧损坏加热器。

3.干燥物料要保证充分浸湿但不能有水滴滴下，否则将影响实验数据的准确性。

4.实验进行中不要改变智能仪表的设置。

## 七、实验数据记录与处理示例

实验数据记录见表 3-29，由实验数据作出的相关图见图 3-39 和图 3-40。

表 3-29　实验数据记录及整理结果

| 空气孔板流量计读数 $R$ | 1.15kPa | 干球温度 $t$ | 60℃ |
|---|---|---|---|
| 框架质量 $G_D$ | 121.4g | 湿球温度 $t_w$ | 33.3℃ |
| 流量计处的空气温度 | 26.5℃ | 洞道截面积 | 0.03m² |
| 干燥面积 $S$ | 0.165×0.081×2＝0.02673m² | 绝干物料量 $G_C$ | 26.8g |

| 序号 | 累计时间<br>$T/\text{min}$ | 总质量<br>$G_T/\text{g}$ | 干基含水量<br>$X$<br>/(kg 水/kg 绝干物料) | 平均含水量<br>$X_{AV}$<br>/(kg 水/kg 绝干物料) | 干燥速率<br>$U \times 10^4$<br>/[kg 水/(s·m²)] |
|---|---|---|---|---|---|
| 1 | 0 | 193.5 | 1.6903 | 1.6716 | 2.078 |
| 2 | 3 | 192.5 | 1.6530 | 1.6287 | 2.702 |
| 3 | 6 | 191.2 | 1.6045 | 1.5802 | 2.702 |
| 4 | 9 | 189.9 | 1.5560 | 1.5317 | 2.702 |
| 5 | 12 | 188.6 | 1.5075 | 1.4813 | 2.910 |
| 6 | 15 | 187.2 | 1.4552 | 1.4272 | 3.118 |
| 7 | 18 | 185.7 | 1.3993 | 1.3713 | 3.118 |
| 8 | 21 | 184.2 | 1.3433 | 1.3172 | 2.910 |
| 9 | 24 | 182.8 | 1.2910 | 1.2649 | 2.910 |
| 10 | 27 | 181.4 | 1.2388 | 1.2108 | 3.118 |
| 11 | 30 | 179.9 | 1.1828 | 1.1604 | 2.494 |
| 12 | 33 | 178.7 | 1.1381 | 1.1138 | 2.702 |
| 13 | 36 | 177.4 | 1.0896 | 1.0653 | 2.702 |
| 14 | 39 | 176.1 | 1.0410 | 1.0168 | 2.702 |
| 15 | 42 | 174.8 | 0.9925 | 0.9683 | 2.702 |
| 16 | 45 | 173.5 | 0.9440 | 0.9198 | 2.702 |
| 17 | 48 | 172.2 | 0.8955 | 0.8451 | 5.612 |
| 18 | 51 | 169.5 | 0.7948 | 0.7687 | 2.910 |
| 19 | 54 | 168.1 | 0.7425 | 0.7183 | 2.702 |
| 20 | 57 | 166.8 | 0.6940 | 0.6735 | 2.286 |
| 21 | 60 | 165.7 | 0.6530 | 0.6325 | 2.286 |
| 22 | 63 | 164.6 | 0.6119 | 0.5896 | 2.494 |
| 23 | 66 | 163.4 | 0.5672 | 0.5448 | 2.494 |
| 24 | 69 | 162.2 | 0.5224 | 0.4832 | 4.365 |
| 25 | 72 | 160.1 | 0.4440 | 0.4235 | 2.286 |
| 26 | 75 | 159.0 | 0.4030 | 0.3843 | 2.078 |
| 27 | 78 | 158.0 | 0.3657 | 0.3507 | 1.663 |
| 28 | 81 | 157.2 | 0.3358 | 0.3209 | 1.663 |
| 29 | 84 | 156.4 | 0.3060 | 0.2948 | 1.247 |
| 30 | 87 | 155.8 | 0.2836 | 0.2724 | 1.247 |
| 31 | 90 | 155.2 | 0.2612 | 0.2500 | 1.247 |
| 32 | 93 | 154.6 | 0.2388 | 0.2276 | 1.247 |
| 33 | 96 | 154.0 | 0.2164 | 0.2052 | 1.247 |
| 34 | 99 | 153.4 | 0.1940 | 0.1847 | 1.039 |
| 35 | 102 | 152.9 | 0.1754 | 0.1660 | 1.039 |

| 序号 | 累计时间<br>$T/\text{min}$ | 总质量<br>$G_T/\text{g}$ | 干基含水量<br>$X$<br>/(kg 水/kg 绝干物料) | 平均含水量<br>$X_{AV}$<br>/(kg 水/kg 绝干物料) | 干燥速率<br>$U \times 10^4$<br>/[kg 水/(s·m²)] |
|------|------|------|------|------|------|
| 36 | 105 | 152.4 | 0.1567 | 0.1474 | 1.039 |
| 37 | 108 | 151.9 | 0.1381 | 0.1287 | 1.039 |
| 38 | 111 | 151.4 | 0.1194 | 0.1101 | 1.039 |
| 39 | 114 | 150.9 | 0.1007 | 0.0914 | 1.039 |
| 40 | 117 | 150.4 | 0.0821 | 0.0765 | 0.624 |
| 41 | 120 | 150.1 | 0.0709 | 0.0653 | 0.624 |
| 42 | 123 | 149.8 | 0.0597 | 0.0541 | 0.624 |
| 43 | 126 | 149.5 | 0.0485 | 0.0410 | 0.831 |
| 44 | 129 | 149.1 | 0.0336 | 0.0261 | 0.831 |
| 45 | 132 | 148.7 | 0.0187 | 0.0131 | 0.624 |
| 46 | 135 | 148.4 | 0.0075 | 0.0037 | 0.416 |
| 47 | 138 | 148.2 | 0.0000 | 0.0000 | 0.000 |

数据处理举例：以表 3-29 中第 $i$ 和 $i+1$ 组数据为例

被干燥物料的质量 $G$：$G_i = G_{T, i} - G_D$ (g)；$G_{i+1} = G_{T, i+1} - G_D$ (g)

被干燥物料的干基含水量 $X$：

$$X_i = \frac{G_i - G_C}{G_C} \text{（kg 水/kg 绝干物料）}, \qquad X_{i+1} = \frac{G_{i+1} - G_C}{G_C} \text{（kg 水/kg 绝干物料）}$$

物料平均含水量 $X_{AV}$：$X_{AV} = \dfrac{X_i + X_{i+1}}{2}$（kg 水/kg 绝干物料）

平均干燥速率 $U = -\dfrac{G_C \times 10^{-3}}{S} \times \dfrac{\mathrm{d}X}{\mathrm{d}T} = -\dfrac{G_C \times 10^{-3}}{S} \times \dfrac{X_{i+1} - X_i}{T_{i+1} - T_i}$ [kg 水/(s·m²)]

干燥曲线 $X$（kg 水/kg 绝干物料）-$T$（时间 min）曲线，用 $X$、$T$ 数据进行标绘，见图 3-40。

干燥速率曲线 $U$-$X$ 曲线，用 $U$、$X_{AV}$ 数据进行标绘，见图 3-40。

恒速阶段空气至物料表面的对流传热系数：

$$\alpha = \frac{Q}{S \times \Delta t} = \frac{U_C r_{tw} \times 10^3}{t - t_w} \text{ [W/(m²℃)]};$$

流量计处体积流量 $V_t = c_0 A_0 \sqrt{\dfrac{2\Delta P}{\rho_{t0}}}$ （m³/h）

其中　$c_0$——孔板流量计孔流系数，$c_0 = 0.65$；

　　　$A_0$——孔的面积，m²；

　　　$d_0$——孔板孔径，$d_0 = 0.040$m；

　　　$\Delta P$——孔板两端压差，kPa；

　　　$\rho_{t0}$——空气入口温度（及流量计处温度）下的密度，kg/m³；

干燥试样放置处的空气流量与流速：

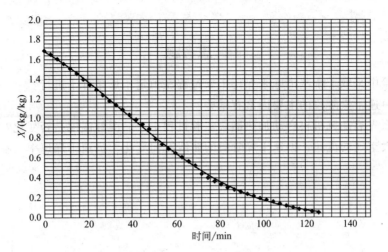

图 3-39　实验装置干燥曲线

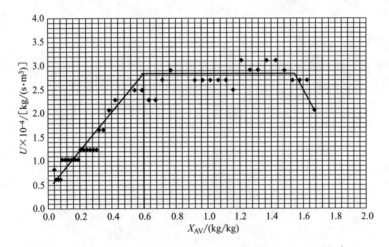

图 3-40　实验装置干燥速率曲线

$$V = V_t \times \frac{273+t}{273+t_0} \ (\text{m}^3/\text{h}) \quad u = \frac{V}{3600 \times A} \ (\text{m/s})$$

以表 3-29 实验数据为例进行计算（$i=1$，$T_i=0\text{s}$；$i+1=2$，$T_{i+1}=180\text{s}$）

$$G_{\text{T},i}=193.5\text{g}, \quad G_{\text{T},i+1}=192.5\text{g}, \quad G_\text{D}=121.4\text{g}$$
$$G_i=72.1\text{g}, \quad G_{i+1}=71.1\text{g}, \quad G_\text{C}=26.8\text{g}$$

得：$X_i=1.6903$（kg 水/kg 绝干物料），$X_{i+1}=1.6530$（kg 水/kg 绝干物料）

$X_{\text{AV}}=1.6716$（kg 水/kg 绝干物料），$S=0.02673\text{m}^2$，$U=2.078\times10^{-4}[\text{kg 水}/(\text{s}\cdot\text{m}^2)]$

从图 3-40 中可以得出：

恒速干燥速率 $U_\text{C}=2.85\times10^{-4}[\text{kg 水}/(\text{s}\cdot\text{m}^2)]$；

临界含水量 $X_\text{C}=0.60$（kg 水/kg 物料）；

水在 33.3℃ 时的汽化潜热 $r_{t\text{w}}=2430\times10^3$（J/kg）；

恒速干燥阶段对流传热系数

$$\alpha = \frac{U_\text{C}r_{t\text{w}}}{t-t_\text{w}} = \frac{2.85\times10^{-4}\times2430\times10^3}{60-33.3} = 25.9[\text{W}/(\text{m}^2\cdot\text{K})]$$

1.本实验中采取了哪些措施来保持干燥过程在恒定干燥条件下进行？

2.控制恒速干燥阶段的主要因素有哪些？

3.为什么先启动风机再启动加热器，实验过程中干、湿球温度是否变化？

4.若增大空气的流速，恒速干燥阶段的曲线有何变化？恒速干燥速率、临界湿含量又有何变化？

# 第四章

# 化工原理仿真实验

## 第一节 化工原理实验仿真软件简介

### 一、仿真软件开发介绍和安装使用环境

#### 1. 软件开发介绍

针对本校的化工原理实验装置，北京欧倍尔软件技术开发有限公司开发了配套的仿真软件。软件的版本号为 OBR_XSZ2.4.0，教师站版本号为 OBR_JSZ2.4.0。

#### 2. 安装使用环境

学生机：CPU，Intel Core i5 或 AMD 同等性能处理器（含以上）四核 2.0GHz 以上；内存，4GB 以上；显卡，NVIDIA Geforce 260 或 ATI Radeon HD 4870 或其他厂牌同性能显卡；显存 2GB 以上；操作系统，WIN 7 32 位/WIN 7 64 位/WIN10。

教师机：CPU，Intel Core i5 或 AMD 同等性能处理器（含以上）四核 2.0GHz 以上；内存，8GB 以上；显卡，NVIDIA Geforce 260 或 ATI Radeon HD 4870 或其他厂牌同性能显卡，显存 4GB 以上；操作系统，WIN 7 32 位/WIN 7 64 位/WIN10。

网络平台服务器：CPU，Intel Core i5 或 AMD 同等性能处理器（含以上）；八核 3.2GHz 以上；内存 16GB 以上；硬盘空间 500G 以上；操作系统，Windows server 2008 操作系统以上；网速 100M。

### 二、化工原理实验仿真软件安装

DPSP 动态过程仿真运行平台是北京欧倍尔仿真软件运行时所需的支撑性平台，包含后台仿真引擎、模型管理客户端、模型管理界面、试卷运行界面、2D/3D 人机交互界面、教师站、教师站客户端及其他支撑性插件。

用户需按照以下步骤安装：①安装驱动；②硬加密或激活软授权；③安装运行平台。

注意：1.如电脑安装有还原软件，请安装前解开还原保护；2.在安装仿真软件之前，请务

必暂时关闭 360 之类的杀毒软件，安装完成，确认软件正常使用后，将安装路径添加信任。

### 1. 安装加密驱动

在使用加密授权前，需先安装加密驱动程序。点击运行 CodeMeterRuntime. exe（见图 4-1）。

⚙ CodeMeterRuntime.exe

图 4-1　加密驱动程序文件

加密驱动安装步骤如下：

① 勾选图 4-2 中的"我接受许可协议中的条款"再点击"下一步"；

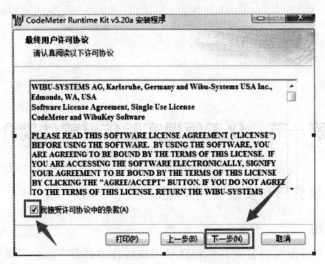

图 4-2　加密驱动程序安装许可界面

② 勾选图 4-3 中"为此计算机的所有用户安装"再点击"下一步"（用户名必须是非中文）；

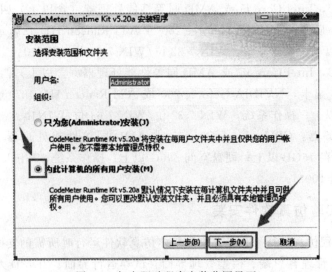

图 4-3　加密驱动程序安装范围界面

③ 勾选图 4-4 中"下一步"；然后，点击图 4-5"安装"；最后点击图 4-6"下一步"和图 4-7 的"完成"，安装完毕。

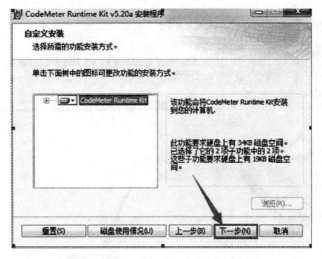

图 4-4　加密驱动程序自定义安装界面

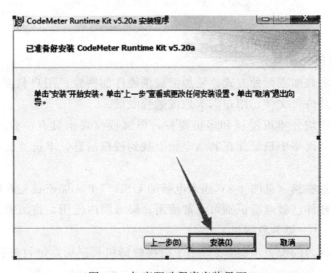

图 4-5　加密驱动程序安装界面

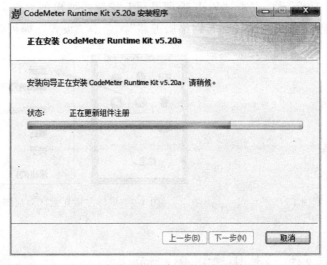

图 4-6　加密驱动程序正在进行安装界面

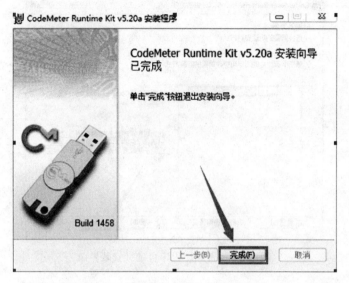

图 4-7　加密驱动程序安装完成界面

### 2. 硬加密或激活软授权

授权分硬加密和软加密两种方式。硬加密提供硬件加密锁，用户只需在 PC 机上插上该加密锁；软加密提供许可文件，用户需本地或远程激活。

硬加密和软加密均分单机授权和多机授权，单机授权表示只有一台电脑可使用仿真软件，多机授权表示在网络中只要能在其他电脑上找到授权信息，本机器就可使用仿真软件。

（1）硬加密

单机使用，将加密锁（见图 4-8）插入电脑的 USB 口上，加密锁先开始灯亮为绿色然后灯灭，表示加密锁硬件已被电脑识别可正常使用；局域网内使用，将加密锁插入局域网内一台电脑的 USB 口上（一般为教师机）。

硬加密在局域网内的配置步骤：（适用于机房教师机）鼠标左键打开托盘区，双击 ⊙ 图标，或者右键点击 ⊙ 图标，在弹出菜单中选择"显示"，如图 4-9 所示；弹出"CodeMeter控制中心"，如图 4-10 所示，点击"Web 管理界面"按钮；弹出的界面如图 4-11 所示，选择"配置--服务器配置"；勾选中"运行网络服务器"，点击"设置"即可。

图 4-8　加密锁

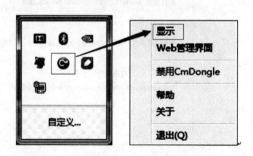

图 4-9　鼠标左键托盘区对应图标

（2）激活软授权

软授权需要激活文件，文件图标如图 4-12 所示。

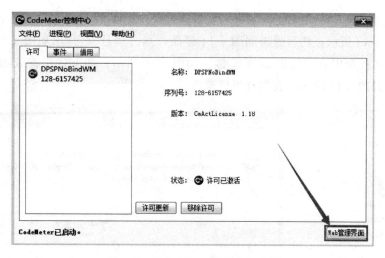

图 4-10　CodeMeter 控制中心界面

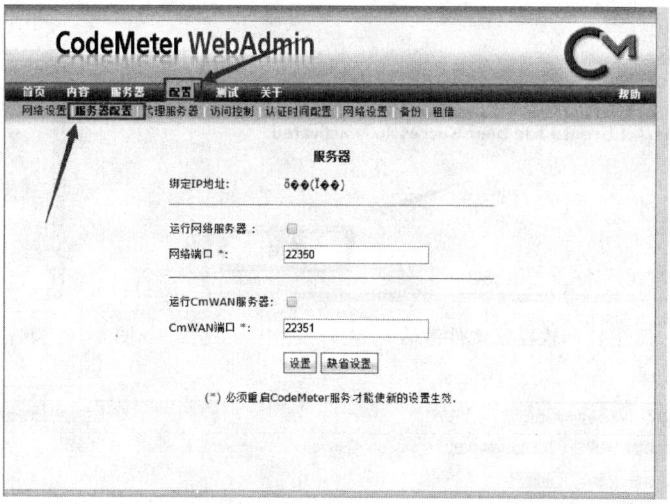

![CodeMeter WebAdmin 界面]

图 4-11　CodeMeter WebAdmin 界面

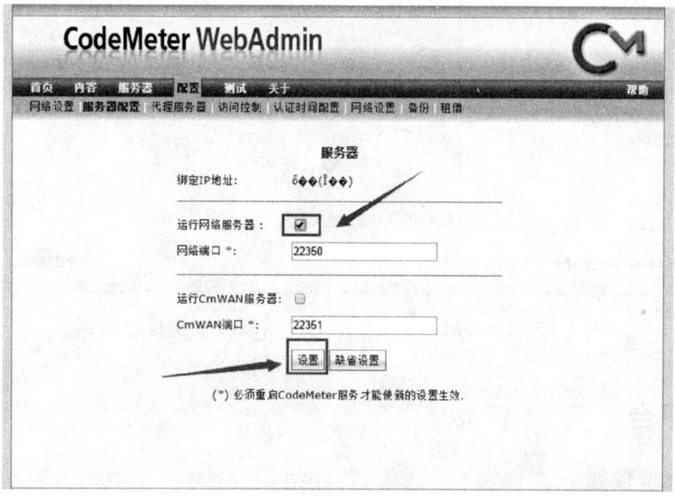

![CodeMeter WebAdmin 勾选界面]

图 4-12　CodeMeter WebAdmin 勾选界面

软授权激活步骤：(适用于任何单机) 双击运行授权文件 "LicenseRequest. WibuCmRaU"，文件图标如图 4-13 所示；然后弹出如图 4-14 界面，点击 "是"；弹出如图 4-15 界面，点击 "确定"；托盘区控制中心图标由  变成  。如图 4-16 所示；如上述步骤成功，CodeMeter 控制中心状态如图 4-17 所示，表明许可已激活。

图 4-13　软授权文件图标

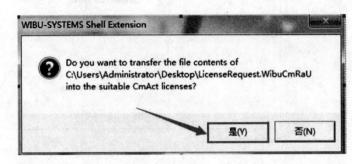

图 4-14　软授权文件运行

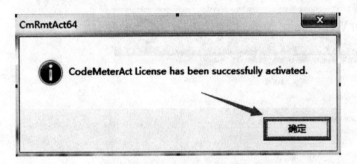

图 4-15　软授权文件激活

图 4-16　软授权文件激活后图标

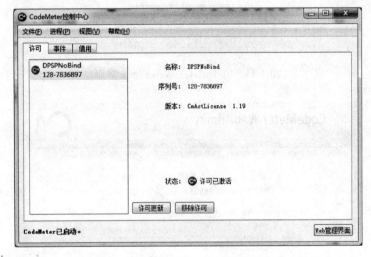

图 4-17　CodeMeter 控制中心显示软授权文件已激活

## 三、安装运行平台

　　安装运行平台步骤如下。

　　① 双击仿真运行平台软件 "OBEPlat2. 4. 5-setup. exe"，软件图标如图 4-18 所示；弹出

图 4-19 界面后点击"下一步";弹出图 4-20 界面后点击"我接受"。

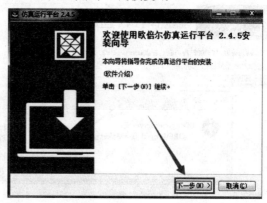

图 4-18　仿真软件图标

图 4-19　仿真软件运行界面

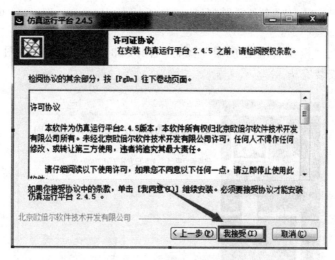

图 4-20　仿真软件安装界面

② 弹出图 4-21 界面后选择路径（推荐按默认路径 C：\ OBE），点击"安装";在弹出的界面图 4-22 界面后,点击"确定";安装成功后桌面生成"模型管理客户端"图标,如图 4-23 所示。

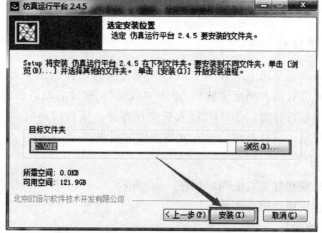

图 4-21　仿真软件安装路径

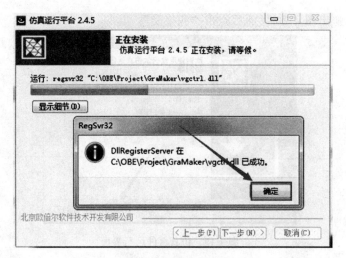

图 4-22　仿真软件安装进行界面　　　　　　　　图 4-23　仿真软件桌面图标

③ 双击桌面上"模型管理客户端"图标（图 4-23），弹出界面如图 4-24 所示，点击"完成"运行平台安装完毕。

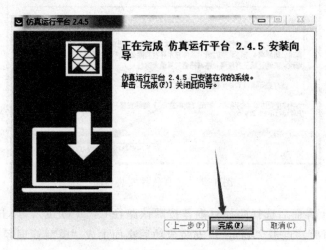

图 4-24　仿真软件安装完成界面

## 四、仿真软件界面介绍

软件安装完毕，双击桌面上"模型管理客户端"图标，弹出图 4-25 所示。选择任意一个培训项目（比如光滑管阻力测定实验），点击"启动"，软件启动后会出现三大界面：①模型管理界面；②试卷运行界面；③2D/3D 人机交互界面。项目启动后，三大界面同时运行，通过后台模型实时联系。项目退出后，三大界面同时退出。

### 1. 模型管理界面

模型管理界面出现在屏幕右上角，如图 4-26 所示。

模型管理界面各模块功能介绍如下。

【启动】项目开始运行。

【停止】项目停止运行，在此状态下可切换同项目内的其他工况。

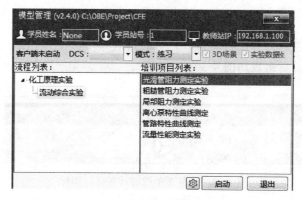

图 4-25 仿真软件界面

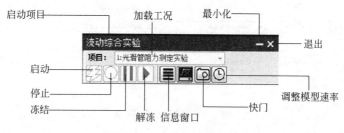

图 4-26 模型管理界面

【冻结】项目暂停运行，在此状态下操作不会有数据变化，暂停评分，与解冻对应。

【解冻】项目继续运行，只能在冻结状态时操作。

【信息窗口】界面如图 4-27 所示，显示项目的仿真状态、运行模式、加载数据文件以及加载工况和事故等信息。

【快门】保存当前数据和成绩，以便下次调用从记录时刻开始继续运行。

【调整模型速率】默认为 1.0，大于 1.0 为加快模型运算速率，小于 1.0 为减慢模型运算速率。

【最小化】点击最小化后在托盘区显示 ，如果恢复需单击鼠标右键选择"显示管理界面"。

【退出】点击退出按钮，系统弹出图 4-28 所示提示框，选择"是"则退出项目，三大界面同时退出。

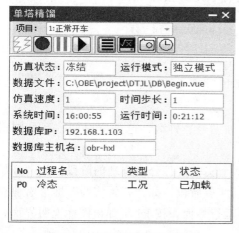

图 4-27 模型管理的信息窗口

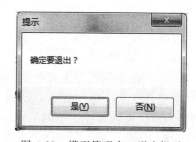

图 4-28 模型管理窗口退出提示

## 2. 试卷运行界面

启动项目后，试卷运行界面自动运行，可通过屏幕下方菜单栏进行切换，如图 4-29 所示。点击试卷运行界面后出现如图 4-30 窗口所示。

图 4-29　屏幕菜单栏的试卷运行图标

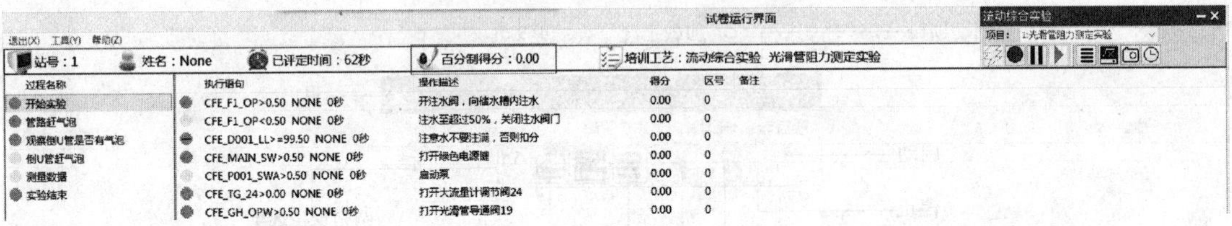

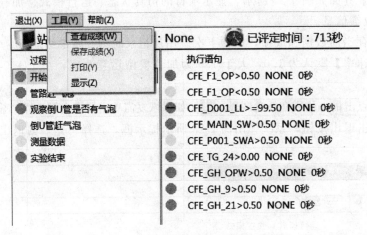

图 4-30　试卷运行界面

① 图 4-30 中第一行主要功能为导出成绩单。选择左上角"工具"，在下拉菜单选择"查看成绩"如图 4-31 所示。仿真成绩将以表格形式生成在桌面上，如图 4-32 所示。

图 4-31　试卷运行界面中"查看成绩"

② 图 4-30 中第二行主要功能：显示信息，如站号、姓名、已评定时间、百分制得分（实时评定）、培训工艺等。

③ 图 4-30 中第三行主要功能：屏幕左侧将整个实验过程分成合理的阶段。如"开始实验""管路赶气泡"等，如图 4-33 所示。选择不同实验阶段，如"开始实验"屏幕右侧会有该阶段对应的操作描述，如图 4-34 所示。在试卷运行界面，按 F1 可弹出图标说明界面，如图 4-35 所示。

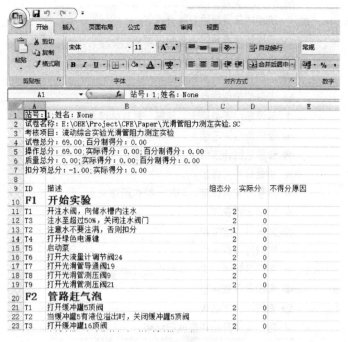

图 4-32　表格形式的仿真成绩

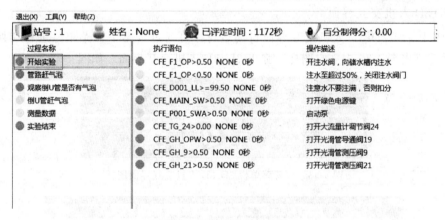

图 4-33　实验过程分步骤

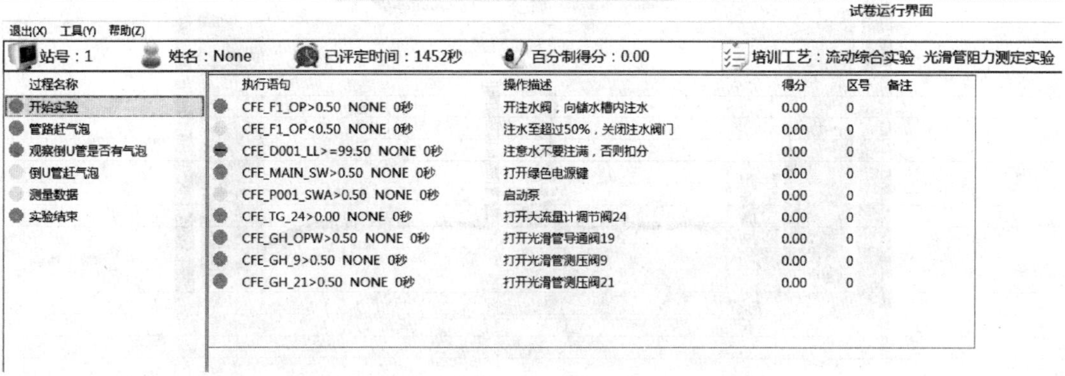

图 4-34　实验过程中开始实验的分解步骤

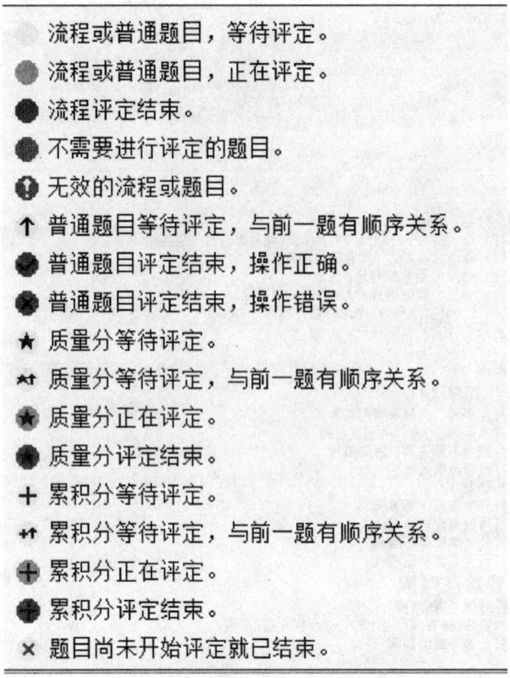

流程或普通题目，等待评定。

流程或普通题目，正在评定。

流程评定结束。

不需要进行评定的题目。

无效的流程或题目。

↑ 普通题目等待评定，与前一题有顺序关系。

普通题目评定结束，操作正确。

普通题目评定结束，操作错误。

★ 质量分等待评定。

★ 质量分等待评定，与前一题有顺序关系。

★ 质量分正在评定。

质量分评定结束。

十 累积分等待评定。

十 累积分等待评定，与前一题有顺序关系。

累积分正在评定。

累积分评定结束。

✕ 题目尚未开始评定就已结束。

图 4-35　实验过程中评分图标说明

### 3. 2D/3D 人机交互界面

启动项目后，2D/3D 人机交互界面自动运行，可通过屏幕下方菜单栏进行切换，如图 4-36 所示。点击图 4-36 中立方图标，弹出 2D/3D 人机交互界面，如图 4-37 所示。

图 4-36　屏幕菜单栏 2D/3D 人机交互界面图标

图 4-37　2D/3D 人机交互界面

【基本操作】

2D/3D 人机交互界面基本操作如下。

人物控制：在图 4-37 界面内操作，键盘中 W（前）、S（后）、A（左）、D（右），连续按住鼠标右键旋转（视角旋转）。进入主场景后，可进入相应实验室，如流动综合实验室，完成实验的全部操作。

拉近镜头：在图 4-38 界面内操作，鼠标放到相应的仪表、设备上时，会显示信息，双击鼠标左键，镜头会自动拉近。按键盘空格键或其他任意键，镜头回到拉近之前的状态。如图 4-39 和图 4-40 所示。

图 4-38　界面操作的四个字母键

图 4-39　界面内压力表显示信息示例

图 4-40　界面内拉近镜头示例

阀门、按钮控制：鼠标放到相应的阀门、按钮上时，会显示信息。若是开关阀或按钮，则点击鼠标左键进行操作，如图 4-41 和图 4-42 所示；若是可调阀，点击鼠标左键，跳出调节界面，点击加减，或拖动调节按钮进行调节，如图 4-43 所示。

【菜单键功能说明】

进入相应实验室后，上方菜单键如图 4-44 所示，各功能键说明如下。

【实验介绍】：介绍实验的基本情况，如实验目的及内容、实验原理、实验装置基本情况，实验方法及步骤和实验注意事项等。

【文件管理】：可建立数据的存储文件名，并设置为当前记录文件。

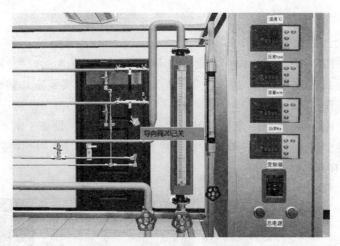

图 4-41　界面内阀门显示信息示例

图 4-42　界面内电源开关显示信息示例

图 4-43　界面内流量调节阀显示信息示例

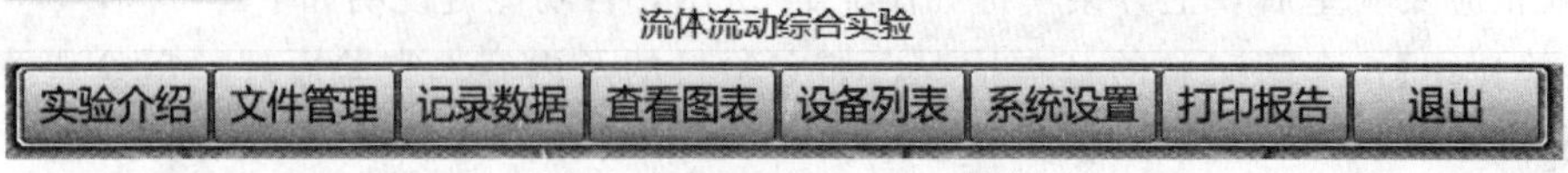

---

流体流动综合实验

| 实验介绍 | 文件管理 | 记录数据 | 查看图表 | 设备列表 | 系统设置 | 打印报告 | 退出 |

图 4-44　实验室菜单键功能

新建文件的方法：点击另存，在输入框输入文件名，回车。

【记录数据】：实现数据记录功能，并能对记录数据进行处理。记录数据后，对于想要进行数据处理的记录数据选中前面的勾选，然后单击数据处理即可生产对应的数据。

【查看图表】：根据记录的实验表格可以生成目标表格。

【设备列表】：对设备进行分类，单击类别能迅速定位到目标。

【系统设置】：可设置标签、声音、环境光。

【打印报告】：仿真软件可生成打印报告作为预习报告提交给实验老师。

【退出】：点击可以退出实验（见图4-45）。

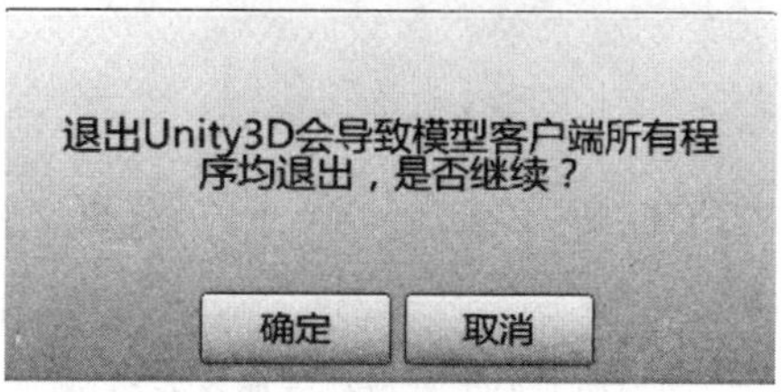

【仪表说明】

（1）数值显示表（流动综合实验）：该类表为显示表，没有任何操作，直接显示对应数值（见图4-46）。

（2）设定仪表（传热实验）：仪表上行 PV 值为显示值，下行 SV 值为设定值。按一下控制仪表的 🔄 键，在仪表的 SV 显示窗中出现一闪烁数字，每按一次 ◀ 键，闪烁数字便向左移动一位，哪个位置数字闪烁就可以利用 🔼、🔽 键调节相应位置的数值，调好后重按 🔄 确认，并按所设定的数值应用（见图4-47）。

图 4-45 实验窗口退出提示

图 4-46　数值显示仪表示例

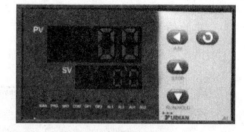

图 4-47　设置显示仪表示例

（3）多值显示仪表（传热实验）：该类仪表可以读取多个显示数值，上行显示为数值，下行为代表序号。如图4-48所示：普通管空气入口温度对应代表序号为1，强化管空气入口温度代表序号为3。

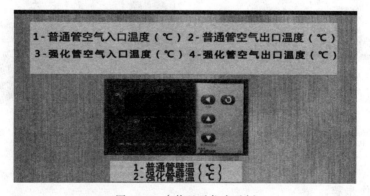

图 4-48　多值显示仪表示例

（4）回流比控制仪表（精馏塔实验）：设定回流比，前两位为回流时间，后两位为采出时间。设定方法同设定仪表操作方法一样（见图 4-49）。

（5）调速器（搅拌器性能测定实验）：按下调速器开关 ▮▮▮ 后，点 ⬤ 旋转按钮进行调速（见图 4-50）。

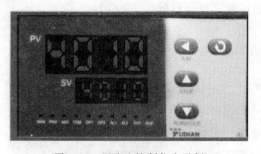

图 4-49　回流比控制仪表示例

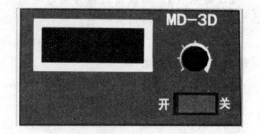

图 4-50　调速仪表示例

# 第二节　化工原理实验仿真软件操作

## 仿真软件操作 1：雷诺现象演示

### 1. 实验仿真界面

雷诺现象演示实验的仿真界面如图 4-51 所示。

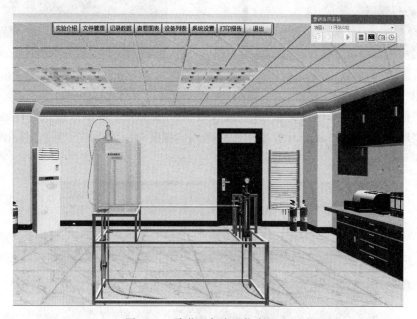

图 4-51　雷诺现象演示仿真界面

### 2. 仿真操作步骤

（1）实验前准备　向红墨水瓶中加入适量用水稀释过的红墨水。观察细管位置是否处于管道中心线上，适当调整使细管位置处于观察管道的中心线上。

（2）实验步骤　首先打开水龙头开关，然后打开上水调节阀，使水进入水箱。待水箱溢流槽内有液体时，打开流量调节阀。待实验管中有水流过后，打开红墨水入口阀，观察实验管内现象并记录流量数据。改变流量多测几组。实验结束后关闭红墨水入口阀。关闭流量调节阀及水龙头开关，关闭上水调节阀。

**3. 数据处理与分析**（示例一组）

① 根据雷诺演示实验数据处理中，相关公式计算出流速和雷诺数；

② 点击文件管理，在文件管理对话框中新建文件夹，更改文件名，并用于储存数据，将其设置为当前记录文件，再点击保存，关闭（见图4-52）；

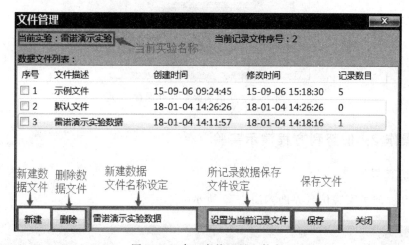

图 4-52　建立当前记录文件名

③ 点击【记录数据】，在弹出的数据管理界面中点击记录数据，将实验所得数据输入，选中所填数据，点击数据处理按钮，点击保存，关闭（见图4-53）；

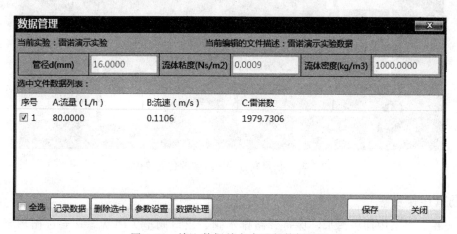

图 4-53　输入数据并点击进行数据处理

④ 点击【打印报告】，选择数据文件、保存路径，并填写文件名，打印，将实验报告导出（见图4-54）；

⑤ 实验报告中结果与讨论部分需要学生填写。

图 4-54　导出实验数据并保存

## 仿真软件操作 2：伯努利方程演示实验

### 1. 实验仿真界面

伯努利方程演示实验仿真界面如图 4-55 所示。

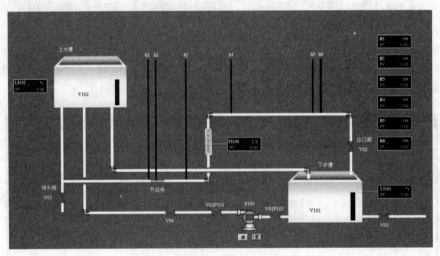

图 4-55　伯努利方程演示实验仿真界面

### 2. 仿真操作步骤

① 先在下水槽中加满清水，保持管路排水阀、出口阀呈关闭状态，通过循环泵将水打入上水槽中，使整个管路中充满流体，并保持上水槽液位一定高度，可观察流体静止状态时各管段的高度。

② 通过出口阀调节管内流量，注意保持上水槽液位高度稳定（即保证整个系统处于稳定流动状态），并尽可能使转子流量计读数在刻度线上。观察记录各单管压力计读数和流量值。

③ 改变流量，观察各单管压力计读数随流量的变化情况。注意每改变一个流量，需给予系统一定的稳流时间，方可读取数据。

④ 结束实验，关闭循环泵，全开出口阀排尽系统内流体，之后打开排水阀排空管内沉积段的流体。

### 3. 数据处理与分析

根据伯努利方程分析沿管路方向各支路水位高度变化的原因。

## 仿真软件操作 3：板框恒压过滤常数测定

### 1. 实验仿真界面

板框恒压过滤实验仿真界面如图 4-56 所示。

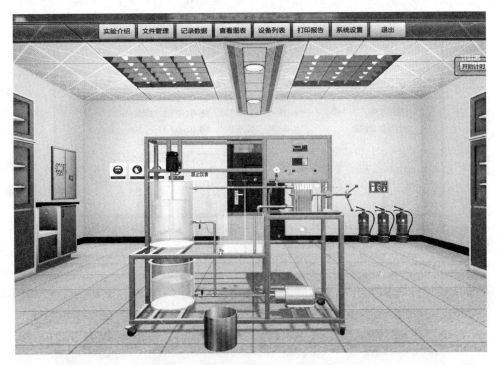

图 4-56　板框恒压过滤实验仿真界面

### 2. 仿真操作步骤

① 打开总电源。

② 打开搅拌器调速器开关，调节调速器旋钮（设定电流），将滤液槽 4 内浆液搅拌均匀。

③ 点击压紧装置压紧板框。

④ 全开阀门 3、5、13、14。启动旋涡泵 10，打开阀门 9，利用调节阀门 3 使压力达到规定值（0.05MPa、0.10MPa、0.15MPa，三选其一）。

⑤ 待压力表数值稳定后，打开过滤后滤液入口阀 11 开始过滤。同时开始计时，记录滤液每增加 10mm 高度所用的时间。记录测量 10～15 组数据后，立即关闭后进料阀 11。

⑥ 打开阀门 3 使压力表指示值下降，关闭泵开关。打开阀门 16 放出计量桶内的滤液并倒回槽内，保证滤浆浓度恒定。

⑦ 洗涤实验时关闭阀门 5、3，全开阀门 6、7、9。调节阀门 7 使压力表 8 达到过滤要求的数值。打开阀门 13、12，等到阀门 13 有液体流下时开始计时，测量 4～6 组数据（洗涤实验测得的数据不用记录）。实验结束后，关闭阀 12、13，打开阀门 16，放出计量桶内的滤液到反洗水箱内。

⑧ 开启压紧装置卸下过滤框内的滤饼并放回滤浆槽内，将滤布清洗干净。

⑨ 改变压力值，重复上述实验。

**3. 数据处理与分析**（示例一组）

① 根据恒压过滤章节中数据处理的相关公式计算出单位过滤面积获得的滤液体积 $Q$（$m^3/m^2$）、过滤时间的增量 $\Delta\theta(s)$、对应压差下的 $\Delta\theta/\Delta q$。

② 点击文件管理，在文件管理对话框中新建文件夹，更改文件名，并用于储存数据，将其设置为当前的记录文件，再点击保存，关闭（见图 4-57）。

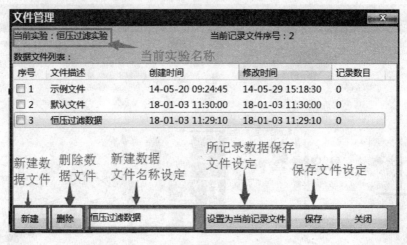

图 4-57　恒压过滤实验文件管理

③ 点击【记录数据】，在弹出的数据管理界面中点击记录数据，将实验所得数据依次输入，点击保存，关闭（见图 4-58）。

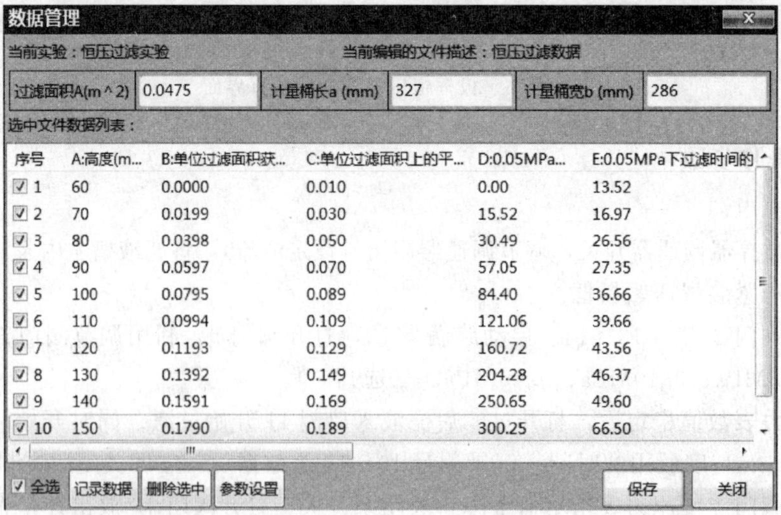

图 4-58　恒压过滤实验数据处理

④ 点击【查看图表】，在右侧选择恒压过滤数据，并点击插入到报告中，关闭（见图 4-59）。

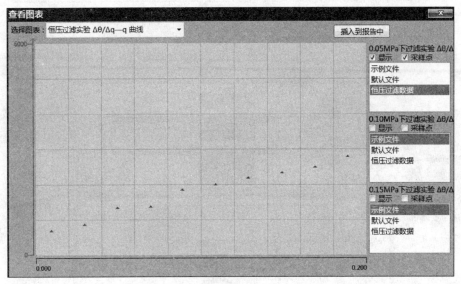

图 4-59　恒压过滤实验绘图

⑤ 点击【打印报告】，选择数据文件、表格数据列数、保存路径，并填写文件名，打印，将实验报告导出（见图 4-60）。

⑥ 实验报告中结果与讨论部分需要学生填写。

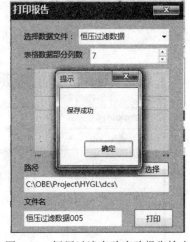

图 4-60　恒压过滤实验实验报告输出

## 仿真软件操作 4：冷空气-热蒸汽传热系数的测定

### 1. 实验仿真界面

传热系数测定实验仿真界面如图 4-61 所示。

### 2. 仿真操作步骤

① 打开总电源开关，启动电加热器开关，设定加热电压，开始加热。

② 打开普通套管加热蒸汽进口阀 6 和普通套管空气进口阀 11。

③ 换热器壁温上升并稳定后，打开空气旁路调节阀 14（开到最大），启动风机。

④ 利用空气旁路调节阀 14 来调节空气的流量并在一定的流量下稳定 3～5min（仿真为数值不再变化）后，分别测量记录空气的流量，空气进、出口的温度和管壁温度。

⑤ 改变不同流量测取 6～8 组数据。

⑥ 强化管实验：打开强化管加热蒸汽进口阀 5 和强化管空气进口阀 12，用上述同样方法测取 6～8 组数据。

⑦ 实验结束后，依次关闭加热开关、风机和总电源。

### 3. 数据处理与分析

① 点击【记录数据】工具框，弹出"数据管理"窗口，在数据管理窗口中选择下方

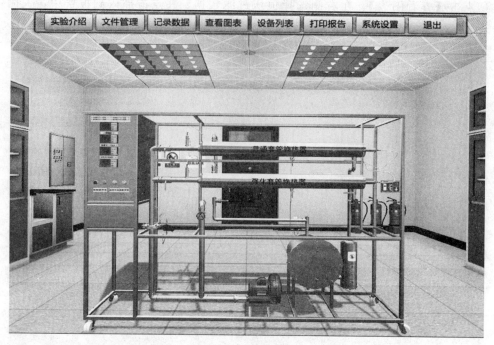

图 4-61　冷空气-热蒸汽传热系数测定的仿真界面

"记录数据"按钮，弹出数据记录框，将测得的数据填入（见图 4-62）。

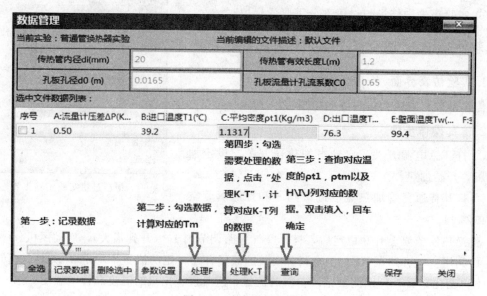

图 4-62　数据管理界面

② 数据记录后，勾选想要处理的数据（若想处理所有数据，将下方的全选勾选即可），点击"处理 F"按钮，计算出对应数据的 $T_m$（见图 4-62）

③ 点击"查询"按钮，查询对应温度的 $\rho_{t1}$、$\rho_{tm}$ 以及 H/I/J 列的对应数据，双击填入数据，回车确认（见图 4-62 和图 4-63）。

④ 点击"处理 K-T"按钮，处理对应数据的 K～T 列数据（见图 4-62）。

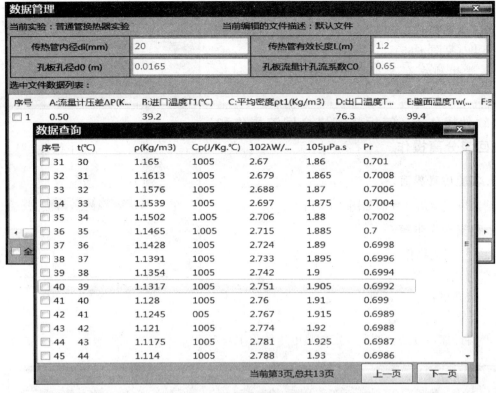

图 4-63　数据查询界面

⑤ 数据记录处理后，若想保存，点击"保存"按钮，然后关闭窗口（见图 4-62）。

⑥ 点击【查看图表】，在右侧选择恒压过滤数据，并点击插入到报告中，关闭（见图 4-64）。

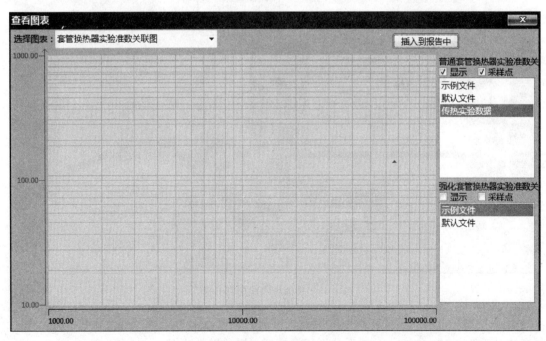

图 4-64　数据绘图界面

⑦ 点击【打印报告】，选择数据文件、表格数据列数、保存路径，并填写文件名，打印，将实验报告导出（见图 4-65）。

⑧ 学生独立完善实验报告中的结果与讨论部分。

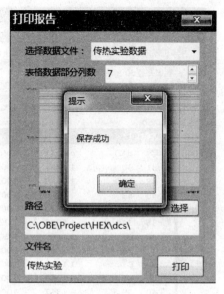

图 4-65 报告输出界面

## 仿真软件操作 5：筛板精馏塔全回流操作和部分回流分离操作

### 1. 实验仿真界面

精馏塔实验仿真界面如图 4-66 所示。

### 2. 仿真操作步骤

（1）全回流操作

① 打开总电源。

② 打开塔顶冷凝器进水阀门（开度 50%），保证冷却水量 60L/h 左右。

③ 打开加热开关，调节设定加热电压约为 130V。

图 4-66 精馏塔实验仿真界面

④ 保持加热釜电压不变，观察塔内各块塔板的温度直至各塔板及回流温度稳定，在全回流情况下稳定 15min 左右。然后分别记录塔顶、塔釜样品浓度。

（2）部分回流操作

① 打开总电源。

② 打开进料泵开关。

③ 打开原料罐回流阀，部分原料回流。

④ 打开塔顶冷凝器进水阀门（开度50%），保证冷却水量为60L/h左右。

⑤ 打开间接进料阀门，调节水箱转子流量计开关，以2.0～3.0L/h的流量向塔内加料，打开第六、七、八块塔板进料阀门（开度为100%左右）。

⑥ 打开回流比控制器开关，调节设定回流比为$R=4$（在仪表面板上输入0401，然后设定即可）。

⑦ 打开加热开关，调节设定加热电压约为130V。

⑧ 待各塔板温度稳定后，记录塔顶、塔釜的样品浓度。

（3）结束实验

① 记录好实验数据并检查无误后可停止实验，关闭进料阀门和加热开关，关闭回流比调节器开关。

② 停止加热后10min再关闭冷却水，关闭总电源。

③ 关闭所有进料阀的开关。

### 3. 数据处理与分析

① 点击【文件管理】，在文件管理对话框中新建文件夹，更改文件名，并用于储存数据，将其设置为当前的记录文件，再点击保存，关闭（见图4-67）。

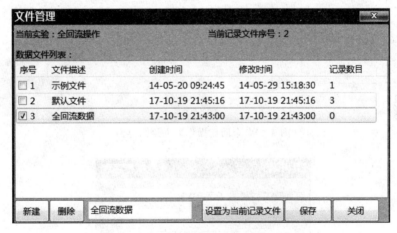

图4-67  全回流操作数据记录界面

② 点击【记录数据】，在弹出的数据管理界面中点击记录数据，将实验所得塔顶乙醇的质量分数和塔釜乙醇的质量分数输入，点击参数设置，设置相关参数，确定，点击数据处理，保存，关闭（见图4-68）。

③ 点击【查看图表】，在右侧选择全回流数据，并点击插入到报告中，关闭（见图4-69）。

④ 点击【打印报告】，选择数据文件、表格数据列数、保存路径，并填写文件名，打印，将实验报告导出（见图4-70）。

⑤ 将结果与讨论部分填写完毕。

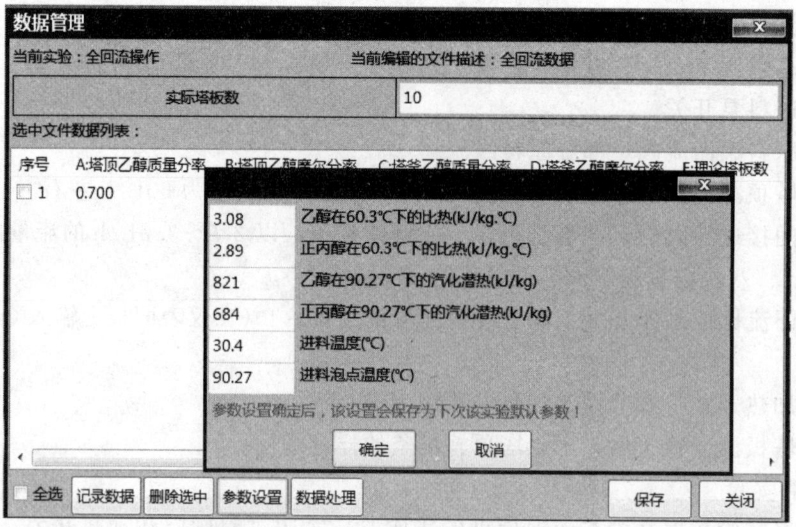

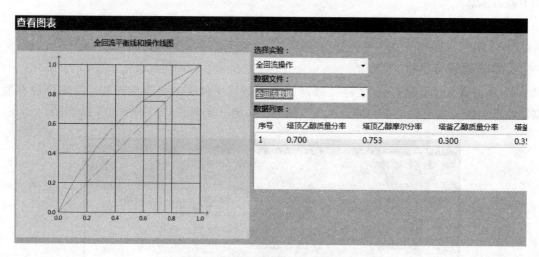

图 4-68　全回流操作数参数录入界面

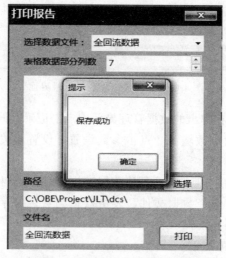

图 4-69　全回流操作数据绘图界面

图 4-70　全回流操作报告输出界面

## 仿真软件操作 6：氧气的吸收与解吸实验

### 1. 实验仿真界面

氧气的吸收与解吸实验仿真界面如图 4-71 所示。

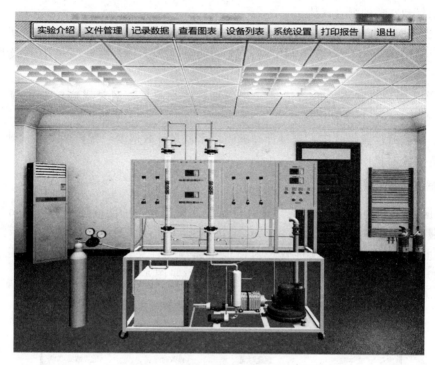

图 4-71　吸收与解吸实验仿真界面

### 2. 仿真操作步骤

（1）测量吸收塔干填料层（$\Delta P/z$）-$u$ 的关系曲线（只做解吸塔）

① 打开总电源开关。

② 打开空气旁路调节阀至全开，启动风机。

③ 打开空气流量计，逐渐关小空气旁路调节阀的开度，调节进塔的空气流量。

④ 稳定后读取填料层压降 $\Delta P$ 的数值（注意单位换算），然后改变空气流量，从小到大共测定 8～10 组数据并记录。

（2）测量填料塔在喷淋量下填料层（$\Delta P/z$）-$u$ 的关系曲线（只做解吸塔）

① 打开总电源开关。

② 打开吸收液水泵开关，调节吸收液流量计，将水流量固定在 100L/h。

③ 采用上面相同步骤调节空气流量，稳定后分别读取并记录填料层压降 $\Delta P$、转子流量计读数和流量计处所显示的空气温度，操作中随时注意观察塔内现象，一旦出现液泛，记下对应空气转子流量计的读数。

（3）氧气吸收传质系数的测定（吸收塔与解吸塔，水流量控制在 40L/h）

① 打开总电源。

② 打开空气旁路调节阀。

③ 启动解吸液水泵，调节解吸液流量计阀，控制水流量在 40L/h。

④ 全开氧气钢瓶顶上的针阀，调节压力在 10MPa，调节减压阀到设定压力 0.2MPa，打开气体流量计，控制氧气流量在 $0.2m^3/h$ 左右。

⑤ 启动气泵开关，调节吸收用空气流量计开关，控制流量在 $0.51m^3/h$ 左右，向吸收塔内通入氧气和空气的混合气体。

⑥ 启动吸收液水泵，调节吸收液流量计阀，控制水流量在 40L/h。启动风机，打开空气流量计，利用空气旁路调节阀调节空气流量约为 $0.5m^3/h$，对解吸塔中的吸收液进行解吸。

⑦ 操作达到稳定状态之后，记录气相温度、液相温度，记录塔底溶液中氧气的含量（氧气含量在 2D 画面上读取）。

注意：实验时注意吸收塔水流量计和解吸塔水流量计数值要一致，两个流量计要及时调节，以保证实验时操作条件不变。

### 3. 数据处理与分析

① 根据恒压过滤章节相关公式计算出单位过滤面积获得的滤液体积 $Q(m^3/m^2)$、过滤时间的增量 $\Delta\theta(s)$、对应压差下的 $\Delta\theta/\Delta q$。

② 点击【文件管理】，在文件管理对话框中新建文件夹，更改文件名，并用于储存数据，将其设置为当前记录文件，再点击保存，关闭（见图 4-72）。

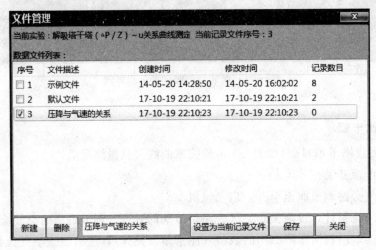

图 4-72　实验数据记录文件建立示例

③ 点击【记录数据】，在弹出的数据管理界面中点击记录数据，将实验所得数据依次输入，全选数据，设置参数，点击数据处理，点击保存，关闭（见图 4-73）。

④ 点击【查看图表】，在右侧选择压降与气速的关系，并点击插入到报告中，关闭（见图 4-74）。

⑤ 点击【打印报告】，选择数据文件、表格数据列数、保存路径，并填写文件名，打印，将实验报告导出（见图 4-75）。

⑥ 学生独立完善实验报告中结果与讨论部分。

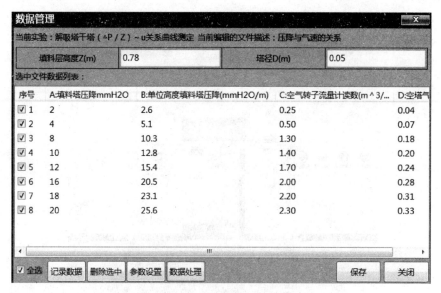

图 4-73　实验数据管理

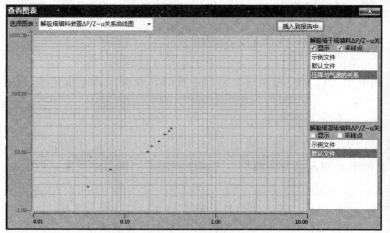

图 4-74　实验数据绘图示例

图 4-75　实验报告输出示例

## 仿真软件操作 7：有机相-水相萃取实验

### 1. 实验仿真界面

有机相-水相萃取实验仿真界面如图 4-76 所示。

### 2. 仿真操作步骤

① 打开总电源。

② 打开水相入口阀，水箱内放满水，打开油箱进口阀放满配制好的轻相入口煤油。

③ 分别启动水相和煤油相送液泵的开关，打开两相回流阀，使其循环流动。

④ 打开水转子流量计调节阀，将重相送入塔内。

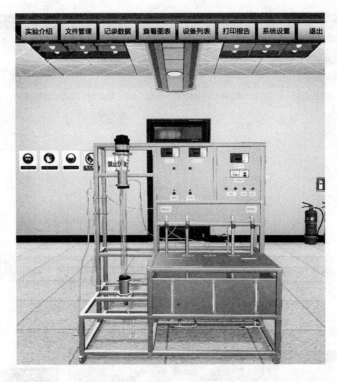

图 4-76　有机相-水相萃取实验仿真界面

⑤ 当塔内水面逐渐上升到重相入口与轻相出口之间的中点时，水流量调至指定值（约 4L/h）。

⑥ 打开调速器开关，调节旋钮设定转速为 500r/min。

⑦ 打开油相流量计调节阀，将轻相流量调至指定值（约 6L/h）。在实验过程中，始终保持塔顶分离段两相的相界面位于重相入口与轻相出口之间中点左右（画面中设定 π 形管的高度 0.65m）。

⑧ 维持操作稳定一段时间后，记录轻相进、出口样品浓度，重相出口样品浓度。

⑨ 取值后，改变桨叶转速，其他条件维持不变，进行第二个实验点的测试。

⑩ 实验完毕，关闭两相流量计。将调速器旋钮调至零位，关闭调速器。

⑪ 关闭水泵、油泵，关闭总电源。

**3. 数据处理与分析**

① 点击【文件管理】，新建文件，将文件名改为萃取数据，并设置为当前记录文件，点击保存，关闭（见图 4-77）。

② 点击【记录数据】，在弹出的数据管理窗口中，点击记录数据，将塔底轻相入口浓度、塔顶轻相出口浓度、塔底重相入口浓度、塔顶重相出口浓度、水转子流量计读数和煤油转子流量计读数依次输入，点击保存，关闭（见图 4-78）。

③ 点击【打印报告】，在弹出的对话框中选择数据文件，数据列数，填写保存途径和实验报告名称，点击打印（见图 4-79）。

④ 学生独立完善实验报告中结果与讨论部分。

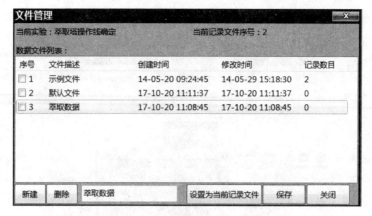

图 4-77　数据记录文件示例

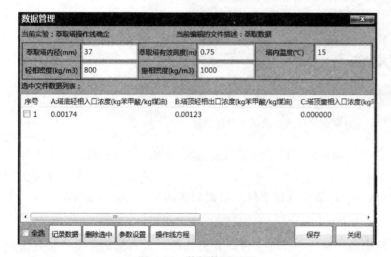

图 4-78　数据管理界面

图 4-79　实验报告输出界面

## 仿真软件操作 8：洞道式干燥速率曲线的测定实验

### 1. 实验仿真界面

洞道式干燥速率曲线实验仿真界面如图 4-80 所示。

### 2. 仿真操作步骤

① 打开总电源。

② 调节空气进气阀 3 全开，启动风机。

③ 调节废气排出阀 1 全开。

④ 通过调节废气循环阀 2 到指定流量（0.55kPa）后，打开加热开关。待干球温度稳定到 70℃。

⑤ 在空气温度、流量稳定条件下，读取质量传感器测定支架的质量并记录。

⑥ 待干球温度稳定后，打开舱门，点击画面上的物品栏，拖动其中的物品放进质量传感器上并与气流平行放置，关闭舱门，开始计时。

⑦ 在系统稳定的状况下，记录干燥时间每隔 30s 时干燥物料减轻的质量（为缩短仿

实验介绍
文件管理
记录数据
物品
设备列表
打印报告
系统设置
退出
禁止饮食

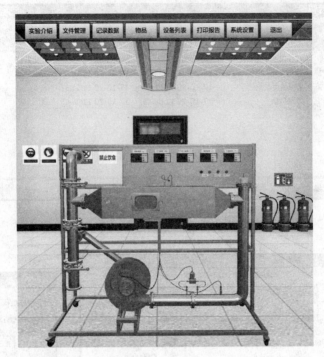

图 4-80　洞道式干燥速率曲线实验仿真界面

实验时间，仿真速率设定为真实时间的 6 倍，记录数据时按真实 3min 间隔记录），直至干燥物料的质量不再明显减轻为止。

⑧ 实验结束时，先关闭加热电源，待干球温度降至常温后关闭风机电源和总电源。

**3. 数据处理与分析**

① 点击【文件管理】，在弹出的对话框中新建文件，并将其设置为当前记录文件，点击保存，此以示例文件为例（见图 4-81）。

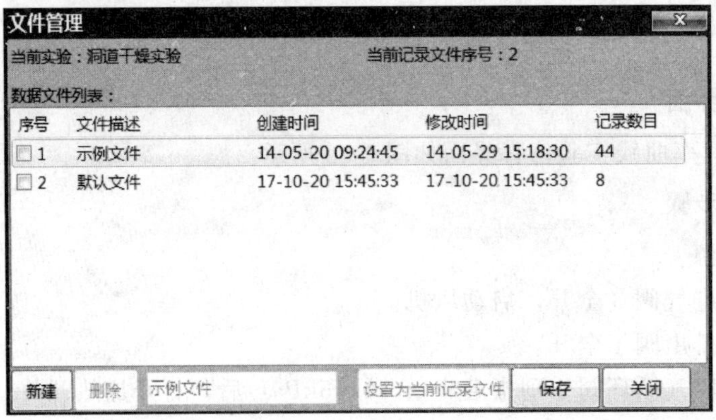

文件管理
当前实验：洞道干燥实验
当前记录文件序号：2
数据文件列表：
序号 文件描述 创建时间 修改时间 记录数目
1 示例文件 14-05-20 09:24:45 14-05-29 15:18:30 44
2 默认文件 17-10-20 15:45:33 17-10-20 15:45:33 8
新建
删除
示例文件
设置为当前记录文件
保存
关闭

图 4-81　数据记录文件示例

② 点击【记录数据】，在弹出的数据管理对话框中，点击记录数据，将累计时间和总质量依次输入，点击数据处理，保存，关闭（见图 4-82）。

③ 点击【查看图表】，在弹出的查看图表对话框的右侧，选择储存数据的文件，点击插

图 4-82　数据记录示例

入到报告中，关闭（见图 4-83）。

　　④ 点击【打印报告】，选择数据文件，数据列数，填写保存路径和实验报告的文件名，点击打印（见图 4-84）。

　　⑤ 学生在导出的实验报告中完善实验结果与讨论部分。

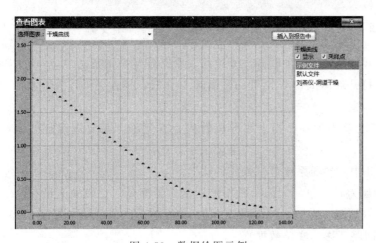

图 4-83　数据绘图示例

图 4-84　实验报告输出界面

## 仿真软件操作 9：化工流体流动综合实验

### 1. 实验仿真界面

化工流体流动综合实验仿真界面如图 4-85 所示。

### 2. 仿真操作步骤

（1）光滑管流体阻力测定

① 向储水槽内注水至超过 50％为止（注意水不要注满）。

② 打开电源，启动泵。

③ 打开光滑管路阀门 9、19、21，打开缓冲罐 5、16 顶阀，打开大流量调节阀 24。

图 4-85　化工流动综合实验仿真界面

④ 观察当缓冲罐有液位溢出时，关闭缓冲罐 5、16 顶阀，管路赶气操作完成。

⑤ 关闭大流量调节阀 24，打开通向倒置 U 形管的平衡阀 29、31，检查导压管内是否有气泡存在。

⑥ 若倒置 U 形管内液柱高度差不为零，则表明导压管内存在气泡，需要进行赶气泡操作。

⑦ 赶气泡操作参见实验三Ⅱ中"导压系统赶气操作说明"。

⑧ 小流量时用倒置 U 形管压差计测量，大流量时用差压变送器测量。在最大流量和最小流量之间测取 15～20 组数据（注意：在测大流量的压差时，应关闭 U 形管的平衡阀 29、31，防止水利用倒 U 形管形成回路，影响实验数据）。

⑨ 待数据测量完毕，关闭大、小流量调节阀，关闭光滑管路阀门 9、19、21，停泵，关闭电源。

（2）粗糙管流体阻力测定

① 向储水槽内注水至超过 50% 为止（注意水不要注满）。

② 打开电源，启动泵。

③ 打开粗糙管路阀门 8、17、20，打开缓冲罐 5、16 顶阀，打开大流量调节阀 24。

④ 观察当缓冲罐有液位溢出时，关闭缓冲罐 5、16 顶阀。管路赶气操作完成。

⑤ 关闭大流量调节阀 24，打开通向倒置 U 形管的平衡阀 29、31，检查导压管内是否有气泡存在。

⑥ 若倒置 U 形管内液柱高度差不为零，则表明导压管内存在气泡，需要进行赶气泡操作。

⑦ 赶气泡操作参见实验三Ⅱ中"导压系统赶气操作说明"。

⑧ 小流量时用倒置 U 形管压差计测量，大流量时用差压变送器测量。在最大流量和最小流量之间测取 15～20 组数据（注意：在测大流量的压差时，应关闭 U 形管的进出水阀 29、31，防止水利用 U 形管形成回路，影响实验数据）。

⑨ 待数据测量完毕，关闭大、小流量调节阀，关闭粗糙管路阀门 8、17、20，停泵，关闭电源。

（3）局部阻力测定

① 向储水槽内注水至超过 50％为止（注意水不要注满）。

② 打开电源，启动泵。

③ 打开局部阻力阀 10。

④ 打开局部管路近端阀门 6、14，打开缓冲罐 5、16 顶阀，打开大流量调节阀 24。

⑤ 观察当缓冲罐有液位溢出时，关闭缓冲罐 5、16 顶阀。管路赶气操作完成。

⑥ 调节流量计的大小，测量 10～15 组数据。

⑦ 关闭局部管路近端阀门 6、14，打开局部管路远端阀门 7、15，调节流量计大小测量 10～15 组数据。

⑧ 待数据测量完毕，关闭大流量调节阀 24，关闭局部阻力阀 10。

⑨ 关闭局部管路远端阀门 7、15，停泵，关闭电源。

（4）离心泵特性曲线测定

① 向储水槽内注水至超过 50％为止（注意水不要注满）。

② 检查流量调节阀 18、压力表 4 的开关及真空表 3 的开关是否关闭（应关闭）。

③ 打开电源，启动离心泵，缓慢打开流量调节阀 18 至全开。

④ 待系统内流体稳定，打开压力表和真空表的开关，方可测取数据。

⑤ 用阀门 18 调节流量，从流量为零至最大或流量从最大到零，测取 10～15 组数据，记录涡轮流量计流量、泵入口压强、泵出口压强、功率表读数，并记录水温。

⑥ 实验结束，关闭流量调节阀 18，关闭压力表和真空表，停泵，关闭电源。

（5）管路特性曲线的测定

① 向储水槽内注水至超过 50％为止（注意水不要注满）。

② 打开电源，启动离心泵。

③ 打开流量调节阀 18 至某一开度，调节离心泵电机频率（调节范围 25～50Hz），测取 8～10 组数据。

④ 记录电机频率、泵入口压强、泵出口压强、流量计读数，并记录水温。

⑤ 实验结束，关闭流量调节阀 18，停泵，关闭电源。

（6）流量性能测定

① 向储水槽内注水至超过 50％为止（注意水不要注满）。

② 检查流量调节阀 18、压力表 4 的开关及真空表 3 的开关是否关闭（应关闭）。

③ 打开电源，启动离心泵。

④ 打开压力传感器左阀 11、右阀 13，缓慢打开调节阀 18 至全开。待系统内流体稳定，打开压力表和真空表的开关，方可测取数据。

⑤ 用阀门 18 调节流量，从流量为零至最大或流量从最大到零，测取 10～15 组数据，同时记录涡轮流量计流量、文丘里流量计的压差，并记录水温。

⑥ 实验结束，关闭流量调节阀 18，关闭阀 11、13，关闭压力表和真空表，停泵，关闭电源。

### 3. 数据处理与分析

① 打开【文件管理】，在弹出的文件管理对话框中，点击另存新建文件，对新建文件进行命名，如光滑管阻力数据，点击设置为当前记录文件，保存，关闭（见图 4-86）。

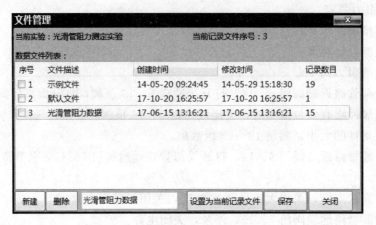

图 4-86　数据记录文件示例

② 点击【记录数据】，将流量与直管压差依次输入，将所有输入的数据选中，点击数据处理，保存，关闭（见图 4-87）。

图 4-87　数据处理示例

③ 点击【查看图表】，在弹出的对话框右侧选择储存数据的文件，点击插入到报告中，关闭（见图 4-88）。

④ 点击【打印报告】，选择数据文件，选择数据列数，填写保存路径和实验报告名称，

点击打印，在弹出的提示对话框中点击确定（见图 4-89）。

　⑤ 完善实验报告中实验结果与讨论部分。

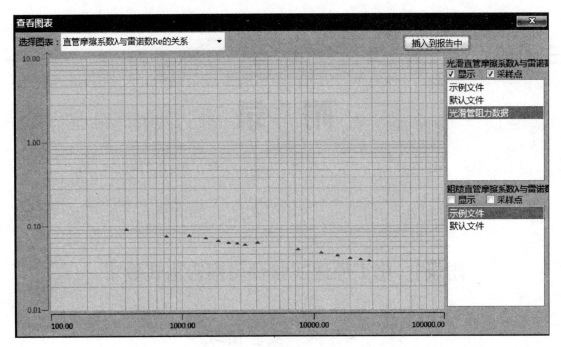

图 4-88　数据绘图示例

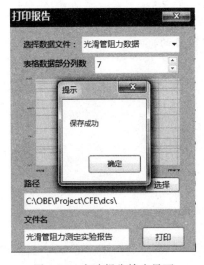

图 4-89　实验报告输出界面

# 附　录

## 附录1　化工原理实验预习报告格式要求

××××实验预习

实验项目名称：_____　　实验日期：_____

专业班级：_____　学号：_____　　姓名：_____

一、实验目的

（从2~3方面简述实验目的）

二、实验原理

（简述实验遵循的化工原理）

三、实验内容及步骤

（详述实验内容及具体操作步骤）

四、实验数据记录表格设计

（需要的条件参数，合理设计记录实验数据表格）

五、实验注意事项

（实验过程中涉及的操作注意事项）

# ××××实验报告

实验名称：_____　　实验日期：_____

专业班级：_____　学号：_____　姓名：_____　同组实验者：_____

一、实验目的

　　（从2～3方面简述实验目的）

二、实验原理

　　（简述实验遵循的化工原理）

三、实验步骤及实验现象

　　（实验过程中涉及的实验操作步骤）

四、实验数据记录及处理

　　（条件参数，原始记录与处理结果均列在表中，必须有数据处理的详细过程示例）

五、实验结果与讨论

　　（分析实验结果是否正常，分析误差产生的原因）

六、思考题

# 附录3  化工原理实验基础数据

## 一、不同温度、不同压力下水中溶解的饱和氧量

溶解氧：溶解在水中的氧含量，又称氧饱和值（dissolved oxygen saturation concentration），指水体与大气中氧交换处于平衡时，水体中溶解氧的浓度。

通常的大气压力条件下，饱和溶解氧只随水温而变化，饱和溶解氧还随大气压力而变化，大气压力越低，饱和溶解氧值则越小。饱和溶解氧也随水中的盐度而变化，盐度增高，饱和溶解氧值减小。

水中饱和氧含量与空气中的氧分压、水温有关。氧分压变化甚微，故水温是主要的影响因素，水温越低，水中溶解氧越高。

氧气在不同温度下的亨利系数 $E$ 可用下式求取：

$$E=(-85694\times10^{-5}t^2+0.07714t+2.56)\times10^6(\text{kPa})$$

附表1  不同压力、温度下空气中的氧在纯水中的饱和溶解度

| 温度 /℃ | 压力/Pa | | | | | 温度 /℃ | 压力/Pa | | | | |
|---|---|---|---|---|---|---|---|---|---|---|---|
| | $9\times10^4$ | $9.5\times10^4$ | $1\times10^5$ | $1.01325\times10^5$ | $1.05\times10^5$ | | $9\times10^4$ | $9.5\times10^4$ | $1\times10^5$ | $1.01325\times10^5$ | $1.05\times10^5$ |
| 0 | 12.93 | 13.65 | 14.37 | 14.64 | 15.10 | 20 | 8.03 | 8.48 | 8.94 | 9.02 | 9.37 |
| 1 | 12.58 | 13.29 | 13.99 | 14.23 | 14.69 | 21 | 7.86 | 8.31 | 8.76 | 8.90 | 9.20 |
| 2 | 12.24 | 12.93 | 13.61 | 13.83 | 14.30 | 22 | 7.72 | 8.16 | 8.60 | 8.73 | 9.03 |
| 3 | 11.92 | 12.58 | 13.25 | 13.45 | 13.92 | 23 | 7.56 | 7.99 | 8.42 | 8.57 | 8.85 |
| 4 | 11.61 | 12.26 | 12.91 | 13.09 | 13.56 | 24 | 7.43 | 7.85 | 8.27 | 8.41 | 8.70 |
| 5 | 11.31 | 11.94 | 12.57 | 12.75 | 13.21 | 25 | 7.29 | 7.71 | 8.13 | 8.25 | 8.54 |
| 6 | 11.02 | 11.64 | 12.25 | 12.42 | 12.87 | 26 | 7.16 | 7.57 | 7.98 | 8.11 | 8.39 |
| 7 | 10.75 | 11.35 | 11.95 | 12.11 | 12.56 | 27 | 7.03 | 7.43 | 7.84 | 7.96 | 8.24 |
| 8 | 10.48 | 11.07 | 11.65 | 11.81 | 12.24 | 28 | 6.91 | 7.30 | 7.70 | 7.82 | 8.10 |
| 9 | 10.23 | 10.80 | 11.38 | 11.53 | 11.95 | 29 | 6.79 | 7.18 | 7.57 | 7.69 | 7.96 |
| 10 | 9.99 | 10.55 | 11.11 | 11.25 | 11.67 | 30 | 6.67 | 7.06 | 7.44 | 7.55 | 7.83 |
| 11 | 9.75 | 10.29 | 10.84 | 10.99 | 11.39 | 31 | 6.56 | 6.94 | 7.32 | 7.42 | 7.69 |
| 12 | 9.52 | 10.06 | 10.59 | 10.75 | 11.13 | 32 | 6.45 | 6.83 | 7.20 | 7.30 | 7.57 |
| 13 | 9.31 | 9.81 | 10.36 | 10.51 | 10.88 | 33 | 6.34 | 6.70 | 7.07 | 7.18 | 7.44 |
| 14 | 9.11 | 9.62 | 10.13 | 10.28 | 10.65 | 34 | 6.24 | 6.60 | 6.96 | 7.06 | 7.33 |
| 15 | 8.91 | 9.41 | 9.91 | 10.06 | 10.41 | 35 | 6.13 | 6.49 | 6.84 | 6.94 | 7.20 |
| 16 | 8.71 | 9.20 | 9.70 | 9.85 | 10.19 | 36 | 6.04 | 6.39 | 6.74 | 6.83 | 7.09 |
| 17 | 8.53 | 9.01 | 9.49 | 9.64 | 9.97 | 37 | 5.94 | 6.29 | 6.63 | 6.72 | 6.98 |
| 18 | 8.36 | 8.83 | 9.30 | 9.45 | 9.77 | 38 | 5.84 | 6.19 | 6.53 | 6.61 | 6.87 |
| 19 | 8.18 | 8.65 | 9.11 | 9.26 | 9.57 | 39 | 5.74 | 6.08 | 6.42 | 6.51 | 6.76 |

| 温度<br>/℃ | 压力/Pa | | | | | 温度<br>/℃ | 压力/Pa | | | | |
|---|---|---|---|---|---|---|---|---|---|---|---|
| | $9\times10^4$ | $9.5\times10^4$ | $1\times10^5$ | $1.01325\times10^5$ | $1.05\times10^5$ | | $9\times10^4$ | $9.5\times10^4$ | $1\times10^5$ | $1.01325\times10^5$ | $1.05\times10^5$ |
| 40 | 5.66 | 5.99 | 6.33 | 6.41 | 6.66 | 46 | 5.12 | 5.43 | 5.74 | 5.82 | 6.06 |
| 41 | 5.56 | 5.89 | 6.22 | 6.31 | 6.55 | 47 | 5.04 | 5.34 | 5.65 | 5.73 | 5.96 |
| 42 | 5.47 | 5.80 | 6.13 | 6.21 | 6.45 | 48 | 4.96 | 5.26 | 5.57 | 5.65 | 5.87 |
| 43 | 5.39 | 5.71 | 6.03 | 6.11 | 6.35 | 49 | 4.87 | 5.17 | 5.47 | 5.55 | 5.77 |
| 44 | 5.30 | 5.62 | 5.94 | 6.02 | 6.25 | 50 | 4.79 | 5.09 | 5.39 | 5.47 | 5.68 |
| 45 | 5.21 | 5.53 | 5.84 | 5.92 | 6.15 | | | | | | |

## 二、乙醇-正丙醇物系平衡

精馏操作过程所采物系为乙醇-正丙醇物系，一般起始物料中乙醇的含量为25%～30%。乙醇-正丙醇物系的相平衡数据如附表2所示，温度-折射率-乙醇液相组成之间的关系如附表3所示。

附表2　乙醇-正丙醇 $t$-$x$-$y$ 关系（以乙醇摩尔分率表示，$x$-液相，$y$-气相）

| $t/℃$ | 97.60 | 93.85 | 92.66 | 91.60 | 88.32 | 86.25 | 84.98 | 84.13 | 83.06 | 80.50 | 78.38 |
|---|---|---|---|---|---|---|---|---|---|---|---|
| $x$ | 0 | 0.126 | 0.188 | 0.210 | 0.358 | 0.461 | 0.546 | 0.600 | 0.663 | 0.884 | 1.0 |
| $y$ | 0 | 0.240 | 0.318 | 0.349 | 0.550 | 0.650 | 0.711 | 0.760 | 0.799 | 0.914 | 1.0 |

附表3　温度-折射率-液相组成之间的关系

| 组成<br>（乙醇质量分率 $W$） | 25℃ | 30℃ | 35℃ | 组成<br>（乙醇质量分率 $W$） | 25℃ | 30℃ | 35℃ |
|---|---|---|---|---|---|---|---|
| 0 | 1.3827 | 1.3809 | 1.3790 | 0.6445 | 1.3607 | 1.3657 | 1.3634 |
| 0.05052 | 1.3815 | 1.3796 | 1.3775 | 0.7101 | 1.3658 | 1.3640 | 1.3620 |
| 0.09985 | 1.3797 | 1.3784 | 1.3762 | 0.7983 | 1.3640 | 1.3620 | 1.3600 |
| 0.1974 | 1.3770 | 1.3759 | 1.3740 | 0.8442 | 1.3628 | 1.3607 | 1.3590 |
| 0.2950 | 1.3750 | 1.3755 | 1.3719 | 0.9064 | 1.3618 | 1.3593 | 1.3573 |
| 0.3977 | 1.3730 | 1.3712 | 1.3692 | 0.9509 | 1.3606 | 1.3584 | 1.3653 |
| 0.4970 | 1.3705 | 1.3690 | 1.3670 | 1.000 | 1.3589 | 1.3574 | 1.3551 |
| 0.5990 | 1.3680 | 1.3668 | 1.3650 | | | | |

乙醇质量分率与阿贝折光仪读数之间的关系也可按下列回归式计算：

$$W_A = 58.844116 - 42.61325 n_D$$

式中，$W_A$ 为乙醇的质量分率；$n_D$ 为折光仪读数（折射率）；

通过质量分率 $W$ 求出乙醇摩尔分率（$X_A$），公式如下：

$$X_A = \frac{(W_A/M_A)}{(W_A/M_A) + [1-(W_A)]/M_B}$$

式中，乙醇的分子量 $M_A = 46$；正丙醇的分子量 $M_B = 60$。

### 三、苯甲酸-水-煤油平衡体系

　　萃取操作过程中采用水萃取残留在煤油中少量的苯甲酸，这三种物质的相平衡时的数据如附表 4 所示（15℃和 25℃），平衡曲线如附图 1 所示。

附表 4　苯甲酸-水-煤油系统平衡数据

| 平衡含量 /(kg 苯甲酸/kg 煤油) | 平衡含量/(kg 苯甲酸/kg 水) | | 平衡含量 /(kg 苯甲酸/kg 煤油) | 平衡含量/(kg 苯甲酸/kg 水) | |
| --- | --- | --- | --- | --- | --- |
| | 15℃ | 25℃ | | 15℃ | 25℃ |
| 0 | 0.00004 | 0.00004 | 0.0011 | 0.000925 | 0.000880 |
| 0.0001 | 0.000135 | 0.000135 | 0.0012 | 0.000965 | 0.000925 |
| 0.0002 | 0.000240 | 0.000240 | 0.0013 | 0.001010 | 0.000970 |
| 0.0003 | 0.000337 | 0.000337 | 0.0014 | 0.001062 | 0.001002 |
| 0.0004 | 0.000426 | 0.000426 | 0.0015 | 0.001080 | 0.001030 |
| 0.0005 | 0.000515 | 0.000510 | 0.0016 | 0.001120 | 0.001060 |
| 0.0006 | 0.000620 | 0.000584 | 0.0017 | 0.001140 | 0.001091 |
| 0.0007 | 0.000683 | 0.000653 | 0.0018 | 0.001160 | 0.001109 |
| 0.0008 | 0.000741 | 0.000721 | 0.0019 | 0.001180 | 0.001120 |
| 0.0009 | 0.000810 | 0.000781 | 0.0020 | 0.001200 | 0.001129 |
| 0.0010 | 0.000880 | 0.000838 | | | |

煤油-水-苯甲酸系统平衡曲线

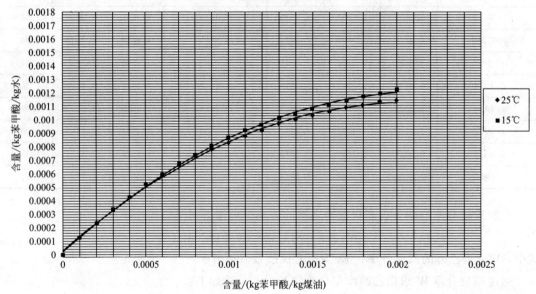

附图 1　相平衡曲线

（回归方程为：$y=-256.32x^2+1.0589x+0.000004$）

# 附录4 化工原理实验室安全操作规程

## 一、用电设备使用安全

1.使用动力电时,应先检查电源开关、电机和设备各部分是否良好。如有故障,应先排除后,方可接通电源。

2.启动或关闭电器设备时,必须将开关扣严或扣妥,防止似接非接状况。使用电器设备时,应先了解其性能,按操作规程操作,若电器设备发生过热现象或有糊焦味时,应立即切断电源。

3.人员较长时间离开房间或电源中断时,要切断电源开关,尤其要注意切断加热电器设备的电源开关。

4.电源或电器设备的保险烧断时,应先查明烧断原因,排除故障后,再按原负荷选用适宜的保险丝进行更换,不得随意加大或用其他金属线代用。

5.注意保持电线和电器设备的干燥,防止线路和设备受潮漏电。

6.实验室内不应有裸露的电线头;电源开关箱内不准堆放物品,以免触电或燃烧。

7.要警惕实验室内发生电火花或静电,尤其在使用可能构成爆炸混合物的可燃性气体时,更需注意。如遇电线走火,切勿用水或导电的酸碱泡沫灭火器灭火,应切断电源,用沙或二氧化碳灭火器灭火。

8.没有掌握电器安全操作的人员不得擅自更动电器设施,或随意拆修电器设备。

9.使用高压动力电时,应遵守安全规定,穿戴好绝缘胶鞋、手套,或用安全杆操作。

10.实验时先接好线路,再插上电源,实验结束时必须先切断电源,再拆线路。

11.有人触电时,应立即切断电源,或用绝缘物体将电线与人体分离后,再实施抢救。

## 二、有毒物品及化学药剂管理

1.一切有毒物品及化学药剂,要严格按类存放保管、发放、使用,并妥善处理剩余物品和残毒物品。

2.在实验中尽量采用无毒或少毒物质来代替有毒物,或采用较好的实验方案、设施、工艺来减少和避免在实验过程中扩散有毒物质。

3.有关实验室应装设通风排毒用的通风橱,在使用大量易挥发毒物的实验室,应装设排风扇等强化通风设备;必要时也可用真空泵、水泵连接在发生器上,构成封闭实验系统,减少毒物在室内逸出。

4.注意保持个人卫生和遵守个人防护规程,绝对禁止在使用有毒物或有可能被毒物污染的实验室内饮食、吸烟或在有可能被污染的容器内存放食物。在不能保证无毒的环境下工作时,应穿戴好防护衣物;实验完毕及时洗手,条件允许应洗澡;生活衣物与工作衣物不应在一起存放;工作时间内,须经仔细洗手、漱口(必要时用消毒液)后,才能饮水、用膳。

5.在实验室无通风橱或通风不良,实验过程中又有大量有毒物逸出时,实验人员应按规定分类使用防毒口罩或防毒面具，不得掉以轻心。

6.定期进行体格检查，认真执行劳动保护条例。

## 三、高压气瓶安全

### 1. 高压气瓶的搬运、存放和充装的注意事项

（1）在搬动存放气瓶时，应装上防震垫圈，旋紧安全帽，以保护开关阀，防止其意外转动或减少碰撞。

（2）搬运充装有气体的气瓶时，最好用特制的担架或小推车，也可以用手平抬或垂直转动。但绝不允许用手执着开关阀移动。

（3）充装有气的气瓶装车运输时，应妥善加以固定，避免途中滚动碰撞；装卸车时应轻抬轻放，禁止采用抛丢、下滑或其他易引起碰击的方法。

（4）充装有互相接触后可引起燃烧、爆炸气体的气瓶（如氢气瓶和氧气瓶），不能同车搬运或同存一处，也不能与其他易燃易爆物品混合存放。

（5）气瓶瓶体有缺陷、安全附件不全或已损坏，不能保证安全使用的，切不可再送去充装气体，应送交有关单位检查合格后方可使用。

### 2. 一般高压气瓶使用原则

（1）高压气瓶必须分类分处保管，直立放置时要固定稳妥；气瓶要远离热源，避免暴晒和强烈振动；一般实验室内存放气瓶量不得超过两瓶。

（2）高压气瓶上选用的减压器要分类专用，安装时螺扣要旋紧，防止泄漏；开、关减压器和开关阀时，动作必须缓慢；使用时应先旋动开关阀，后开减压器；用完，先关闭开关阀，放尽余气后，再关减压器。切不可只关减压器，不关开关阀。

（3）使用高压气瓶时，操作人员应站在与气瓶接口处垂直的位置上。操作时严禁敲打撞击，并经常检查有无漏气，应注意压力表读数。

（4）氧气瓶或氢气瓶等，应配备专用工具，并严禁与油类接触。操作人员不能穿戴沾有各种油脂或易感应产生静电的服装手套操作，以免引起燃烧或爆炸。

（5）可燃性气体和助燃气体气瓶，与明火的距离应大于 10m（难达到时，可采取隔离等措施）。

（6）用后的气瓶，应按规定留 0.05MPa 以上的残余压力。可燃性气体应剩余 $0.2 \sim 0.3$MPa（约 $2 \sim 3$kgf/cm$^2$ 表压），氢气应保留 2MPa，以防重新充气时发生危险，不可用完用尽。

（7）各种气瓶必须定期进行技术检查。充装一般气体的气瓶三年检验一次；如在使用中发现有严重腐蚀或严重损伤的，应提前进行检验。

### 3. 氧气钢瓶

因为化工原理实验的吸收与解吸实验采用氧气，所以关于氧气钢瓶特别强调一下。

氧气是强烈的助燃烧气体，高温下，纯氧十分活泼；温度不变而压力增加时，可以和油类发生急剧的化学反应，并引起发热自燃，进而产生强烈爆炸。氧气瓶一定要防止与油类接触，并绝对避免让其他可燃性气体混入氧气瓶；禁止用（或误用）盛装其他可燃性气体的气瓶来充灌氧气。氧气瓶禁止放于阳光暴晒的地方。

## 四、实验室防火安全

1.以防为主，杜绝火灾隐患。了解各类有关易燃易爆物品知识及消防知识。遵守各种防火规则。

2.在实验室内、过道等处，需经常备有适宜的灭火材料，如消防砂、石棉布、毯子及各类灭火器等。消防砂要保持干燥。

3.电线及电器设备起火时，必须先切断总电源开关，再用四氯化碳灭火器熄灭，并及时通知供电部门。不许用水或泡沫灭火器来扑灭燃烧的电线电器。

4.人员衣服着火时，立即用毯子之类的物品蒙盖在着火者身上灭火，必要时也可用水扑灭。但不宜慌张跑动，避免使气流流向燃烧的衣服，再使火焰增大。

5.加热试样或实验过程中小范围起火时，应立即用湿石棉布或湿抹布扑灭明火，并拔去电源插头，关闭总电闸。易燃液体的固体（多为有机物）着火时，切不可用水去浇。范围较大的火情，应立即用消防砂、泡沫灭火器或干粉灭火器来扑灭。精密仪器起火，应用四氯化碳灭火器。实验室起火，不宜用水扑救。

6.在实验室特别是化学实验室起火时，应事先作起火分析，并将实验过程的各个系统隔开。

## 五、传动设备安全

1.传动设备外露转动部分必须安装防护罩。必要时应挂"危险"等类警告牌。

2.启动前应检查一切保护装置和安全附件，应使其处于完好状态，否则不能开车。

3.所接压力容器应定期检查校验压力计，并经常检查压力容器接头处及送气管道。

4.必须熟悉运转设备的操作后，方能开车。

5.运转中出现异常现象或声音，需及时停车检查，一切正常后方能重新开车。

6.定期检修、拧紧连接螺钉等；检修必须停车，切断电源；平时应经常检查运转部件，检查所用润滑油是否符合标准。

## 六、一般急救规则

### 1.烧伤急救

（1）普通轻度烧伤，可擦用清凉乳剂于创伤处，并包扎好；略重的烧伤可视烧伤情况立即送医院处理；遇有休克的伤员应立即通知医院前来抢救、处理。

（2）化学烧伤时，应迅速解脱衣服，首先清除残存在皮肤上的化学药品，用水多次冲洗，同时视烧伤情况立即送医院救治或通知医院前来救治。

（3）眼睛受到任何伤害时，应立即请眼科医生诊断。但化学灼伤时，应分秒必争，在医生到来前即抓紧时间，立即用蒸馏水冲洗眼睛，冲洗时须用细水流，而且不能直射眼球。

### 2.创伤的急救

小的创伤可用消毒镊子或消毒纱布把伤口清洗干净，并用 3.5% 的碘酒涂在伤口周围，包起来。若出血较多时，可用压迫法止血，同时处理好伤口，扑上止血消炎粉等药，较紧的包扎起来即可。

较大的创伤或者动、静脉出血，甚至骨折时，应立即用急救绷带在伤口出血部上方扎紧止血，用消毒纱布盖住伤口，立即送医务室或医院救治。但止血时间长时，应注意每隔1～2h适当放松一次，以免肢体缺血坏死。

### 3. 中毒的急救

对中毒者的急救主要在于把患者送往医院或医生到达之前，尽快将患者从中毒物质区域中移出，并尽量弄清致毒物质，以便协助医生排除中毒者体内毒物。如遇中毒者呼吸停止、心脏停搏时，应立即施行人工呼吸、心脏按压，直至医生到达或送到医院为止。

### 4. 触电的急救

有人触电时应立即切断电源或设法使触电人脱离电源；患者呼吸停止或心脏停搏时应立即施行人工呼吸或心脏按压。特别注意出现假死现象时，千万不能放弃抢救，尽快送往医院救治。

# 附录5　阿贝折光仪（型号WYA-2W）

## 一、折光仪

折光仪，又称折射仪，是利用光线测试液体浓度的仪器，用来测定折射率、双折率及光性，折射率是物质的重要物理常数之一。许多纯物质都具有一定的折射率，物质如果其中含有杂质，则折射率将发生变化，出现偏差，杂质越多，偏差越大。

折射仪主要由高折射率棱镜（铅玻璃或立方氧化锆）、棱镜反射镜、透镜、标尺（内标尺或外标尺）和目镜等组成。折射仪有手持式折光仪、糖量折光仪、蜂蜜折光仪、数显折光仪、全自动折光仪等（见附图2）。

阿贝折光仪是能测定透明、半透明液体或固体的折射率 $n_D$ 和平均色散 $n_D - n_C$ 的仪器（其中以测透明液体为主），如仪器上接恒温器，则可测定温度为 10～50℃ 内的折射率 $n_D$。采用目视瞄准，光学度盘读数，温度数显，简单可靠。基座采用不锈钢材质，棱镜采用硬质玻璃，不易磨损。

附图2　阿贝折光仪

化工原理实验精馏塔的操作中所采用的阿贝折光仪型号为 WYA-2W。阿贝折光仪的量程为 1.3000～1.7000，精密度为 ±0.0001，温度应控制在 ±0.1℃ 的范围内。

## 二、仪器的具体操作

### 1. 仪器的安装

将折光仪置于靠窗的桌子或白炽灯前。但勿使仪器置于直接照射的日光中，以避免液体试样迅速蒸发。将折光仪与恒温水浴连接，调节所需要的温度，同时检查保温套的温度计是否精确。一切就绪后，打开直角棱镜，用丝绢或擦镜纸蘸少量乙醇、乙醚或丙酮轻轻擦洗上下镜面，不可来回擦，只可单向擦。待晾干后方可使用。

### 2. 准备测量

松开锁钮，开启辅助棱镜，使其磨砂的斜面处于水平位置，用滴定管加少量丙酮清洗镜面，促使难挥发的沾污物逸走，用滴定管时注意勿使管尖碰撞镜面。必要时可用擦镜纸轻轻吸干镜面，但切勿用滤纸。待镜面干燥后，滴加数滴试样于辅助棱镜的毛镜面上，闭合辅助棱镜，旋紧锁钮。若试样易挥发，则可在两棱镜接近闭合时从加液小槽中加入，然后闭合两棱镜，锁紧锁钮。调好反光镜使光线射入。滴加液体过少或分布不均匀，看不清楚。对于易挥发液体，应以敏捷熟练的动作测其折射率。

### 3. 测量操作

先轻轻转动左面刻度盘，并在右面镜筒内找到明暗分界线。若出现彩色带，则调节消色散镜，使明暗界线清晰。再转动左面刻度盘，使分界线对准交叉线中心，记录读数与温度，重复1~2次。

粗调：转动手柄，使刻度盘标尺上的示值为最小，于是调节反射镜，使入射光进入棱镜组，同时从测量望远镜中观察，使视场最亮。调节目镜，使视场准丝最清晰。

消色散：转动手柄，使刻度盘标尺上的示值逐渐增大，直至观察到视场中出现彩色光带或黑白临界线为止。转动消色散手柄，使视场内呈现一个清晰的明暗临界线。

精调：转动手柄，使临界线正好处在X形准丝交点上，若此时又呈微色散，必须重调消色散手柄，使临界线明暗清晰（调节过程在右边目镜看到的图像颜色变化如附图3所示）。

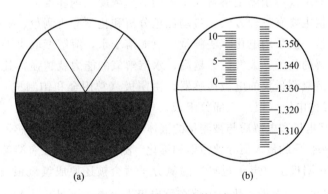

(a)　　　　　　　　(b)

附图3　折光仪的读数现场

读数：为保护刻度盘的清洁，现在的折光仪一般都将刻度盘装在罩内，读数时先打开罩壳上方的小窗，使光线射入，然后从读数望远镜中读出标尺上相应的示值。由于眼睛在判断临界线是否处于准丝交点上时，容易疲劳，为减少偶然误差，应转动手柄，重复测定三次，三个读数相差不能大于0.0002，然后取其平均值。试样的成分对折射率的影响是极其灵敏的，由于沾污或试样中易挥发组分的蒸发，致使试样组分发生微小的改变，导致读数不准，因此测一个试样须重复取三次样，测定这三个样品的数据，再取平均值。

### 4. 测量完毕

测完后，应立即以上法擦洗上下镜面，晾干后再关闭。在测定样品之前，对折光仪应进行校正。通常先测纯水的折射率，将重复两次所得纯水的平均折射率与其标准值比较。校正值一般很小，若数值太大，整个仪器应重新校正。若需测量在不同温度时的折射率，将温度计旋入温度计座中，接上恒温器的通水管，把恒温器的温度调节到所需测量温度，接通循环水，待温度稳定10min后即可测量。如果温度不是标准温度，可根据下列公式计算标准温度下的折光率：

$$n_D^{20} = n_D^t - \alpha(t - 20)$$

式中，$t$ 为测定时的温度；$\alpha$ 为校正系数；D 为钠光灯 D 线波长，589.3nm。

## 三、仪器校正

折光仪的刻度盘上的标尺的零点有时会发生移动，须加以校正。校正的方法是用一种已知折射率的标准液体，一般是用纯水，按上述方法进行测定，将平均值与标准值比较，其差值即为校正值。在 15～30℃ 之间的温度系数为 -0.0001/℃。在精密的测定工作中，须在所测范围内用几种不同折射率的标准液体进行校正，并画成校正曲线，以供测试时对照校核。

# 附录6　便携式溶氧测量仪（型号innoLab 10D）

## 一、便携式溶氧测量仪

便携式溶解氧测量仪用于测定溶解在水中的氧气浓度或饱和度。

一般测定氧含量主要有三种方法：自动比色分析和化学分析测量、顺磁法测量、电化学法测量。水中溶氧量一般采用电化学法测量。氧能溶于水，溶解度取决于温度、水表面的总压、分压和水中溶解的盐类。大气压力越高，水溶解氧的能力就越强，其关系由亨利定律和道尔顿定律确定。溶氧测量仪的电极传感器，由阴极（常用金和铂制成）、带电流的反电极（银）和无电流的参比电极（银）三部分组成，电极浸没在电解质如 KCl、KOH 中，传感器由隔膜覆盖，隔膜将电极和电解质与被测量的液体分开，因此保护了传感器，既能防止电解质逸出，又可防止外来物质的侵入而导致污染和毒化。测量元件浸入在有溶解氧的水中，氧会通过隔膜扩散，出现在阴极上（电子过剩）的氧分子就会被还原成氢氧根离子：$O_2 + 2H_2O + 4e^- \!=\!=\!= 4OH^-$。电化学当量的氯化银沉淀在反电极上（电子不足）：$4Ag + 4Cl^- \!=\!=\!= 4AgCl + 4e^-$。对于每个氧分子，阴极放出 4 个电子，反电极接收电子，形成电流，电流的大小与被测水的氧分压成正比，该信号连同传感器上热电阻测出的温度信号被送入变送器，利用传感器中存储的含氧量和氧分压、温度之间的关系曲线计算出水中的含氧量，然后转化成标准信号输出。

化工原理实验中气体吸收与解吸实验中所涉及的溶氧测量仪型号为：innoLab 10D，外形和控制面板如附图 4 和附图 5 所示。溶氧测量仪的测量范围：0.00～40.00mg/L，0.0～400.0%，-5.0～120.0℃/23.0～248.0℉。测量分辨率：0.01mg/L，0.1%，0.1℃/0.1℉。

## 二、便携式溶氧测量仪 innoLab 10D 面板功能介绍

### 1. 便携式溶氧测量仪 innoLab 10D 的面板功能介绍

innoLab 10D 的面板如附图 5 所示，面板功能键的作用如附表 5 所示。

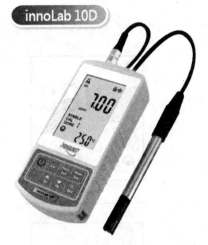

附图 4  innoLab 10D 外形

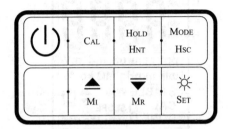

附图 5  innoLab 10D 面板视图

**附表 5  面板功能键的作用**

| 按键 | 功能 |
|---|---|
| ⏻ | • 开关机按键 |
| CAL | • 在测量模式按该键可以进行校准<br>• 在测量模式长按该键 3s 可以查看电极校准后的斜率 |
| HOLD<br>HNT | • 在测量模式下按该键可以锁定被测参数的显示值。在自动锁定功能时，该键可以解除被自动锁定的测量画面<br>• 在设定模式下该按键可以作为确认键 |
| MODE<br>HSC | • 在测量模式下该按键作为模式切换按键<br>• 在关机状态下，按住该键同时按 ON/OFF 开机可以进入设定模式<br>• 在设定模式下该键作为退出按键 |
| ▲<br>MI | • 在测量模式中作为查看记忆数据的功能<br>• 在进入设定模式和查看记忆数据模式中上层键 |
| ▼<br>MR | • 在测量模式中作为资料储存记忆数据的功能<br>• 在进入设定模式和查看记忆数据模式中作为下层键 |
| SET | • 按 SET 键打开背光<br>• 按住 SET 键 3s,进入设定模式 |

### 2. 便携式溶氧测量仪 innoLab 10D 开机后界面介绍

便携式溶氧测量仪 innoLab 10D 开机后界面如附图 6 所示。

### 3. 便携式溶氧测量仪 innoLab 10D 测量界面介绍

便携式溶氧测量仪 innoLab 10D 测量界面如附图 7 所示

① MEA 符号闪烁表示仪器在测量状态下。

② DO 符号表示仪器处在 DO 测量模式。

附图 6　innoLab 10D 开机后界面

1—图标指示，依次为：测量模式；校准模式；设定模式；锁定模式；自动锁定模式；有连接USB设备；按键音提示；2—测量参数指示；3—测量数值显示区；4—自动量程（CON 系列）；5—手动量程；6—单位显示区；7—STABLE：读值稳定；8—已校准点提示；9—电极效能提示；10—低电量提示；11—符号指示；STD，标准溶液提示符号；MEM，记忆模式提示符号；ATC，自动温度补偿提示符号；MTC，无连接或侦测不到温度探棒；12—温度显示区

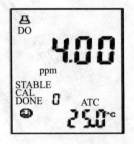

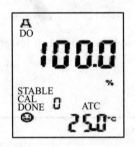

附图 7　innoLab 10D 测量界面

③ STABLE 符号，提示当时的测量数据稳定。

④ CAL DONE X 符号，提示用户目前仪表已经校准的点数。

⑤ 表情符号代表电极的斜率状况；若是☺表示电极斜率在 80％以上，若☹则表示电极斜率在 80％以下。

⑥ 右下角显示温度补偿的状态和数值，ATC 符号表示在自动温度补偿模式。

⑦ ppm 测量模式；"％" 测量单位为百分比，表示溶氧值百分率。

## 三、便携式溶氧测量仪 innoLab 10D 校准

测量模式下按 CAL 键即可进入校准模式。溶解氧标准：溶氧仪器可以在 ppm 或％两种

校准模式下，做1点或2点的校准。如果设定1点校准，为空气饱和度校准；如果设定2点校准，则需先校准零点，再校准空气饱和度。校准步骤如下：

① 按下 CAL 键进入校准模式。

② 将电极放入氮气中或无水亚硫酸钠中（零氧液）。

③ 仪表显示 000 时，表示做零点校准，主显示区显示溶氧实测值。

④ 读值稳定后，会自动储存量测值并进入空气饱和点校准，将电极放在空气中或水饱和容器中。

⑤ 仪表显示 AIR 在下方仪表区，表示作空气饱和点校准，主显示区溶氧实测值。

⑥ 读值稳定后，会自动储存并离开。

⑦ CAL DONE X 会指示完成的校准点数。

⑧ 校准完成后，仪表会显示电极的零点偏移量和效率，也可以在测量模式下，长按 CAL 键超过 3s，查看电极零点偏移量和斜率。

## 四、便携式溶氧测量仪 innoLab 10D 的操作步骤及注意事项

### 1. 开机

按下 ON/OFF 键开机并进入测量模式，按 MODE/ESC 键可以切换 ppm、百分比测量模式、手动温度补偿设定。

### 2. 测量操作

在测量模式下，将电极放入待测溶液中；对于富氧溶液，记录显示数据的最大值且显示 Stable 为氧含量；对于贫氧溶液，记录电极刚刚放入 3s 内的最小值且显示 Stable，为含氧量。

### 3. 存储测量数据

在测量模式下，按 MI/△键可以记录储存当时的测量值，LCD 显示出每次记忆读值，会告诉使用者目前储存的是第几笔资料，该机器可以储存 100 笔资料：1～100。当超过 100 笔资料时，将从 001 开始覆盖资料。

### 4. 操作不当

若操作不当，屏幕出现的错误信息如下。

Er1：校准时，温度超出 0～60℃ 范围内。

Er2：校准时，0 的溶氧值不在 0.0～5.0% 范围。

Er3：读值不正确的情况下进行数据储存。

### 5. 仪器使用的注意事项

正确选用 DO（PPM）模式或 DO% 模式来量测溶解氧，对机器的保养来说，包含定期固定清洁溶解氧电极、固定校准检验仪器及电极再生是非常重要。

（1）每一至二周清洁溶解氧电极，如果电极受污染时，量测就会发生错误，必须小心用水清洗电极探针，清洁时避免隔膜受损，如果污染物无法清洗干净，可用布小心擦拭。

（2）每 2～3 个月要校准一次。

（3）每一年再生一次电极探针，电极探针无法校准时就必须再生电极，再生电极包含更换内部电解液，更换电极隔膜，清洗银电极，当银电极氧化时，使用一小张的砂纸轻轻擦亮。

（4）如果发现电解液渗漏，需重新再填充电解液。

# 参 考 文 献

[1]　杨祖荣.化工原理实验.北京：化学工业出版社，2014.

[2]　居沈贵，夏毅，武文良.化工原理实验，北京：化学工业出版社，2016.

[3]　郭翠梨.化工原理实验.第3版.北京：高等教育出版社，2013.

[4]　吴晓艺，王松，王静文，张爱玲.化工原理实验.北京：清华大学出版社，2013.

[5]　大连理工大学化工原理教研室.化工原理.大连：大连理工大学出版社，2008.

[6]　伍钦，邹华生，高桂田.化工原理.第3版.广州：华南理工大学出版社，2014.

[7]　吴嘉.化工原理仿真实验.北京：化学工业出版社，2001.

[8]　程远贵，曹丽淑.化工原理实验.成都：四川大学出版社，2016.

[9]　杨运泉，尹双凤，揭嘉.化工原理实验.北京：化学工业出版社，2012.

[10]　徐琼.化工原理实验.长沙：湖南师范大学出版社，2016.

[11]　厉玉鸣，刘慧敏.化工仪表及自动化.第5版.北京：化学工业出版社，2015.

[12]　戴猷元，余立新.化工原理.北京：清华大学出版社，2010.

[13]　夏清，贾绍义.化工原理（上，下册).天津：天津大学出版社，2012.

[14]　祁存谦，丁楠，吕树申.化工原理.北京：化学工业出版社，2009.

[15]　中国石化集团上海工程有限公司.化工工艺设计手册（上，下册).北京：化学工业出版社，2009.

[16]　徐宝东.化工管路设计手册.北京：化学工业出版社，2011.